Volker U. Hoffmann

# Wasserstoff –
# Energie mit Zukunft

In der populärwissenschaftlichen Sammlung

**Einblicke in die Wissenschaft**

mit den Schwerpunkten Mathematik – Naturwissenschaften – Technik werden in allgemeinverständlicher Form

- elementare Fragestellungen zu interessanten Problemen aufgegriffen,
- Themen aus der aktuellen Forschung behandelt,
- historische Zusammenhänge aufgehellt,
- Leben und Werk bedeutender Forscher und Erfinder vorgestellt.

Diese Reihe ermöglicht interessierten Laien einen einfachen Einstieg, bietet aber auch Fachleuten anregende, unterhaltsame und zugleich fundierte Einblicke in die Wissenschaft.

Jeder Band ist in sich abgeschlossen und leicht lesbar.

Volker U. Hoffmann

# Wasserstoff –
# Energie mit Zukunft

B. G. Teubner Verlagsgesellschaft
Stuttgart · Leipzig

Verlag der Fachvereine Zürich

Volker U. Hoffmann

D-04109 Leipzig

Bildnachweis:
ADN-Zentralbild: Abb. 1; ADN/ZB/TASS: Abb. 2; Bayernwerk AG: Abb. 6, 7; DLR: Abb. 8, 12; FhG-ISE: Abb. 21, 34; Mercedes-Benz-Foto: Abb. 25, 26; RWE: Abb. 28; Nowosti: Abb. 30; Deutsche Aerospace Airbus GmbH: Abb. 31, 32.

Die Deutsche Bibliothek – CIP-Einheitsaufnahme

**Hoffmann, Volker:**
Wasserstoff – Energie mit Zukunft / Volker U. Hoffmann. –
Stuttgart ; Leipzig : Teubner ; Zürich : vdf, Verl. der Fachvereine, 1994
  (Einblicke in die Wissenschaft)
  ISBN-13: 978-3-8154-3501-4     e-ISBN-13: 978-3-322-89112-9
  DOI: 10.1007/978-3-322-89112-9



Umschlaggestaltung: E. Kretschmer, Leipzig

# Vorwort

Die Deckung unseres Energiebedarfs wird in zunehmendem Maße auch von ökologischen Gesichtspunkten beeinflußt. Fossile Energieträger, die gegenwärtig den größten Anteil an der Bereitstellung von Wärme-, Elektro- und Antriebsenergie haben, schädigen bei ihrer Nutzung die Umwelt in erheblichem Maße und sind daher aus ökologischer Sicht nur bedingt geeignet. Das trifft weniger auf die bei der Umwandlung der Primärenergieträger in Endenergie emittierten toxischen Schadstoffe wie Schwefeldioxid oder Stickoxide zu - dafür gibt es bereits sehr wirkungsvolle Rauchgasreinigungsverfahren -, sondern vor allem auf das Kohlendioxid. Dessen klimabeeinflussende Wirkung ist den Wissenschaftlern erst in den letzten Jahren voll bewußt geworden. Zwar gab es schon früher Stimmen, die warnend auf den Zusammenhang zwischen der Zunahme des Kohlendioxidgehaltes der Atmosphäre und möglichen Klimaveränderungen hingewiesen haben. Sie wurden aber nicht sonderlich ernst genommen, zumal den Warnern, nach Meinung der Öffentlichkeit, stichhaltige Argumente fehlten.

Zu Beginn des industriellen Zeitalters, vor rund 150 Jahren, lag die Kohlendioxidkonzentration in der Atmosphäre bei 280 ppm. Heute hat sie bereits einen Wert von 350 ppm erreicht, und nach Expertenaussagen muß bis zum Jahre 2050 mit einem Anstieg auf 480 ppm gerechnet werden. Die Folge dieser Entwicklung wären ein spürbarer Anstieg der globalen Jahresmitteltemperaturen und - dadurch hervorgerufen - eine Zunahme der Meeresspiegelhöhe, eine veränderte Niederschlagsverteilung zuungunsten der tropischen Gebiete sowie eine Häufung verheerender Wirbelstürme. Als Ursache für den Anstieg des Kohlendioxidgehaltes der Atmosphäre und die daraus resultierenden Veränderungen kommt neben der unkontrollierten Brandrodung tropischer Wälder in den Entwicklungsländern vor allem die Nutzung fossiler Energieträger in Betracht. Wurden durch deren Verbrennung vor einem Jahrhundert nur etwa 20 Mill. t Kohlenstoff pro Jahr an die Atmosphäre abgegeben, so sind es derzeit jährlich rund 5,5 Mrd. t, vorrangig als Kohlendioxid.

Eine Umkehr von dieser verhängnisvollen Entwicklung kann nur durch die spürbare und möglichst rasche Veränderung der Struktur der gegenwärtig in den Kraft- und Heizwerken sowie im Verkehrswesen eingesetzten Energieträger erreicht werden. Die verstärkte Verwendung von Erdgas ist dabei eine Möglichkeit. Intensiv diskutiert wird aber auch die Frage, welchen Anteil die Nutzung der direkten und indirekten Erscheinungsformen der Solarenergie an der künftigen Energieversorgung erlangen kann. Insbesondere für die Bereitstellung von Brauchwarmwasser und Niedertemperaturwärme gibt es bereits heute technisch ausgereifte Verfahren, die in vielen Bereichen, auch unter Berücksichtigung wirtschaftlicher Gesichtspunkte, angewendet werden können. Gleiches gilt für die Umwandlung der Windenergie in Elektroenergie.

Noch vor wenigen Jahren war auch eine verstärkte Nutzung der Kernenergie im Gespräch. Aber dieser Weg findet insbesondere nach den Ereignissen von Tschernobyl und wegen der noch weitgehend ungeklärten Fragen einer sicheren Entsorgung und Endlagerung der radioaktiven Abfälle bei großen Teilen der Bevölkerung nur eine geringe Akzeptanz.

Einige Wissenschaftler denken daher schon heute an einen dritten Weg für die künftige Energieversorgung. Im Mittelpunkt steht dabei das erste Element unseres Periodensystems, der Wasserstoff. Wenn es gelingt, ihn billig und in großen Mengen aus nichtfossilen und nichtnuklearen Quellen zu erzeugen, dann kann mit ihm ein neues Kapitel in der Geschichte der Energieversorgung aufgeschlagen werden: die Wasserstoffenergetik. Schon heute sind auf vielen Gebieten die Grundvoraussetzungen dafür vorhanden.

Anliegen dieses Buches ist es, den Leser mit den vielfältigen Möglichkeiten der Erzeugung, des Transports und der Speicherung von Wasserstoff sowie mit seinem energetischen Einsatz in den unterschiedlichsten Bereichen der Wirtschaft näher vertraut zu machen.

Leipzig, im Februar 1994                    Volker U. Hoffmann

# Inhalt


| | | |
|---|---|---:|
| **1** | **Am Anfang war der Wasserstoff** | **11** |
| 1.1 | Entdeckungsgeschichte des Wasserstoffs | 12 |
| 1.2 | Leichter als Luft | 14 |
| 1.3 | Die industrielle Nutzung von Wasserstoff und deren Geschichte | 16 |
| | | |
| **2** | **Wasserstofferzeugungsverfahren** | **28** |
| 2.1 | Wasserstoff aus fossilen Quellen | 29 |
| 2.2 | Wasserstoff aus Wasser | 37 |
| 2.2.1 | Elektrolyse | 40 |
| 2.2.2 | Thermolyse | 58 |
| 2.2.3 | Thermochemische Kreisprozesse | 59 |
| 2.2.4 | Photochemische und photoelektrochemische Systeme | 64 |
| 2.2.5 | Biophotolyse | 67 |
| 2.3 | Thermokatalytische Spaltung von Schwefelwasserstoff | 71 |
| | | |
| **3** | **Wasserstofftransport und -speicherung** | **73** |
| 3.1 | Technische Möglichkeiten für den Wasserstofftransport und zur Wasserstoffspeicherung | 73 |
| 3.1.1 | Speicherung und Transport von gasförmigem Wasserstoff | 74 |
| 3.1.2 | Chemisch gebundene Speicherung von Wasserstoff | 78 |
| 3.1.3 | Eiskalt und flüssig | 85 |
| 3.2 | Importierte Sonnenstrahlung | 89 |

**4    Wasserstoff als Energieträger**    94

4.1   Wasserstoff in Kraft- und Heizwerken    96

4.2   Strom und Wärme aus der Brennstoffzelle    104

4.3   Wasserstoff in der Gasversorgung    121

4.4   Wasserstoff im Tank    123

4.4.1 Wasserstoff im Straßenverkehr    124

4.4.2 Wasserstoff im Flugverkehr    149

4.4.3 Wasserstoff im Schienenverkehr und in der Schiffahrt    159

**5    Resümee und Ausblick**    161

**Literatur**    168

**Sachwortverzeichnis**    170

# 1    Am Anfang war der Wasserstoff

So lautet nicht nur der Titel eines lesenswerten populärwissenschaftlichen Buches, sondern das war die Realität vor mehr als 20 Mrd. Jahren. Nahezu alle Naturwissenschaftler sind sich heute darüber einig, daß in jener sehr fernen Vergangenheit tatsächlich nichts anderes vorhanden war als der Wasserstoff. Und sie sehen daher in ihm mit Fug und Recht das Urelement aller Entwicklung.

Es dauerte dann auch noch Millionen und aber Millionen von Jahren, ehe sich aus dem Element mit dem einfachsten Aufbau, den wir kennen - nur ein Elektron umkreist den Kern, der wiederum nur aus einem einzigen Proton besteht -, zunächst das Helium und später auch die anderen Elemente des Periodensystems gebildet hatten. Noch heute beträgt der Anteil des Wasserstoffs an der Gesamtmasse des Alls etwa 70 %. Die Sonne, das Zentralgestirn unseres Planetensystems, besteht mit ihrer um das 330.000fache größeren Masse als die der Erde noch rund zur Hälfte aus Wasserstoff. In komplizierten Kernfusionsprozessen verbrennt er dort zu Helium, und die dabei freigesetzten gewaltigen Energiemengen ermöglichten und ermöglichen erst  die Lebensvorgänge auf unserem Planeten. Alle vom Menschen  genutzten fossilen Energieträger wie Kohle, Erdöl oder Erdgas verdanken wir dem Wirken der von der Kernfusion ausgelösten Sonnenstrahlung. Sie liefert uns die Biomasse, zu der auch die menschlichen Nahrungsmittel gehören. Und selbst die erneuerbaren Energiequellen - Windenergie und Wasserkraft seien hier nur als zwei Beispiele genannt - sind Abkömmlinge der Sonnenstrahlung und damit letztendlich Ergebnisse jener Verschmelzung von vier Wasserstoffatomen zu einem Heliumatom, die sich ständig in der Gaskugel der Sonne vollzieht.

Aufgrund seiner einfachen Gestalt ist das Wasserstoffatom sehr reaktionsfreudig. Es ist stets bemüht, sich mit anderen Atomen, im "Notfall" auch mit seinesgleichen, zu verbinden. Auf der Erde tritt der Wasserstoff daher nur in molekularer bzw. gebundener Form in Erscheinung, u. a. als Kohlenwasserstoffe, als Kohlehydrate oder als Wasser, um nur einige Möglichkeiten zu nennen. Er zeigt sich also meist versteckt in anderen Substanzen. Es ist somit kein Wunder, wenn seine Entdeckungsgeschichte, mit der sich der folgende Abschnitt kurz befassen wird, nicht so weit zurückreicht, wie man dies eigentlich vermuten könnte.

## 1.1     Entdeckungsgeschichte des Wasserstoffs

Erstmals wurde die Bildung von Wasserstoff im Jahre 1766 von Lord Henry Cavendish (1731-1810) in drei Vorträgen vor der Königlichen Gesellschaft in London beschrieben. Der britische Naturwissenschaftler gewann das erste Element des späteren Periodensystems durch die Einwirkung von Schwefelsäure auf Eisen, Zinn und Zink und stellte mit dem von ihm als "unechte" oder "brennbare" Luft bezeichneten Gas eine Reihe von Experimenten an. So bestimmte er wenige Jahre später die Zusammensetzung von Luft und Wasser und beschrieb 1781 die Bildung des letzteren aus dem Knallgas, d. h. durch die Verbrennung von Wasserstoff in Luft. Auf den heute international gebräuchlichen Namen Hydrogenium[1] für das neue Element einigte man sich 1787 auf Vorschlag von Antoine Lavosier (1743-1794). Nur zwei Jahre später gelang es dann  P. van Troostwyk, dieses neue Element auf elektrolytischem Wege her-

---

[1] Franz. hydrogène, von griech. = Wasser.

zustellen. Und schließlich schlug im Jahre 1815 der englische Arzt William Prout (1785-1850) vor, den Wasserstoff mit dem Atomgewicht 1 als Bezugsbasis für die Atomgewichtsbestimmung aller übrigen Elemente zu verwenden. Ein Prinzip, das im wesentlichen noch heute seine Gültigkeit hat.

Parallel zur Geschichte seiner Entdeckung und der theoretischen Beschäftigung mit ihm gab es schon sehr frühzeitig auch erste Gedanken und Versuche zur praktischen Nutzung des Wasserstoffs. So stellte der Franzose Jacques Alexandre-Cesar Charles durch Übergießen von Eisenfeilspänen mit Schwefelsäure am 28. August 1783 in Paris so viel Wasserstoff her, daß er damit einen Ballon von 5 m Durchmesser füllen konnte. Charles konnte mit diesem Versuch den wenige Wochen zuvor erfolgten Erstflug des Ballons der Brüder Montgolfier[2] überzeugend nachvollziehen. Immerhin blieb die erste "Charliere", so nannte man fortan die wasserstoffgefüllten Ballons mit nichtstarrer Hülle, rund 45 Minuten in der Luft. Allerdings wußte der junge Professor Charles zu diesem Zeitpunkt noch nicht, daß in der Montgolfiere Heißluft und nicht Wasserstoff für den erforderlichen Auftrieb sorgte. Vom Champs de Mars der französischen Hauptstadt flog sein Ballon nahezu 25 km weit hinaus in das Umland, wo schließlich aufgeschreckte Bauern dem vermeintlichen Ungeheuer, das da vom Himmel kam, mit Mistgabeln und Sensen zu Leibe rückten. Doch Jacques Alexandre-Cesar Charles ließ sich davon nicht entmutigen. Bereits am 1. Dezember 1783 startete sein Ballon zu einer ersten Passagierfahrt, die wesentlich weiterging als

---

[2] Jacques-Etienne Montgolfier (1745-1799) und Joseph-Michel Montgolfier (1740-1810); französische Erfinder, die den Heißluftballon entwickelten. Der erste Ballon stieg am 5. Juni 1783 auf. Der erste freie Flug mit zwei Personen an Bord erfolgte am 21. November 1783. Die Brüder Montgolfier gelten auch als die Erfinder des Fallschirms.

jene der Brüder Montgolfier. Anschließend, so wird berichtet, stieg Charles vor lauter Begeisterung nochmals auf und soll bei dieser Fahrt eine Höhe von 3.500 m erreicht haben. Von weiteren Ballonversuchen des französischen Wissenschaftlers ist danach nichts mehr bekannt geworden. Vermutlich waren sie nicht mehr so spektakulär wie ihre Vorgänger.

Im Jahre 1820 versuchte Reverend W. Cecil, Wasserstoff zur Bereitstellung von mechanischer Energie in entsprechenden Maschinen einzusetzen. Dieses für jene Zeit sehr weitsichtige Projekt mußte allerdings in der Praxis scheitern. Seinerzeit war reiner Wasserstoff nur in sehr geringen Mengen verfügbar und Leucht- oder Wassergas, welches ja zu einem beträchtlichen Teil reinen Wasserstoff enthält, erfüllte die gleichen Zwecke.

Schließlich schuf Sir James Dewar (1842-1923) mit der von ihm im Jahre 1898 demonstrierten Möglichkeit, den Wasserstoff zu verflüssigen, eine der grundlegenden Voraussetzungen für dessen bald darauf erfolgten Einzug in die industrielle Praxis. Ehe wir uns diesem Abschnitt zuwenden, erst noch einige Worte zu den Eigenschaften des Wasserstoffs.

## 1.2    Leichter als Luft

Wasserstoff zeichnet sich durch eine Reihe bemerkenswerter Eigenschaften aus. So ist er beispielsweise leichter als Luft, eine Tatsache, die, wie im vorangegangenen Abschnitt bereits erwähnt, schon vor mehr als 200 Jahren bewußt genutzt wurde. Weitere Eigenschaften sind in Tab. 1 aufgeführt.

Unter dem Gesichtspunkt eines geplanten energetischen Einsatzes von Wasserstoff - und mit dieser Frage wird sich ja dieses Buch vorrangig befassen - ist natürlich der hohe gewichtsbezogene Heizwert von besonderem Interesse, zumal er deutlich über dem aller anderen festen, flüssigen und gasförmigen fossilen Energieträger liegt.

*Tabelle 1*          *Ausgewählte Parameter von Wasserstoff*

| | |
|---|---|
| Unterer Heizwert[3] | 10.800 kJ/Nm³ |
| | 120.000 kJ/kg |
| Oberer Heizwert[4] | 12.770 kJ/Nm³ |
| | 141.890 kJ/kg |
| Dichte (gasförmig) | 0,09 kg/m³ |
| Dichte (flüssig) | 70,90 kg/m³ ( bei - 252 °C) |
| 1 Normkubikmeter (Nm³) | 0,09 kg |

(alle Angaben im Normzustand: $T = 273,15$ K; $p = 1.013$ hPa)

Hinzu kommt, daß bei der Verbrennung von Wasserstoff in Motoren und mit Flammenbrennern, mit Ausnahme verschwindend geringer Mengen an Stickoxiden, keinerlei toxische oder klimawirksame Luftschadstoffe entstehen. Über Primärmaßnahmen wie Brennergestaltung oder Absenkung der Temperaturspitzen in den Flammen kann die Stickoxidentstehung außerdem noch so verringert werden, daß sie deutlich unter den derzeit gegebenen Grenzwerten liegt. Bei der Nutzung des Wasserstoffs in Brennstoffzellen und auf dem Wege der katalytischen Verbrennung fallen keinerlei Stickoxide an. Als "Ver-

---

[3] Unterer Heizwert: durch Oxydation des Wasserstoffs gebildetes Wasser liegt dampfförmig vor.

[4] Oberer Heizwert: durch Oxydation des Wasserstoffs gebildetes Wasser liegt flüssig vor.

brennungsrückstand", wenn man dies überhaupt so bezeichnen kann, fällt lediglich Wasser in der Dampfphase an. Aber damit steht, wie wir noch sehen werden, zugleich der Hauptrohstoff für eine in der Zukunft denkbare effektive Wasserstoffproduktion erneut zur Verfügung (Abschn. 2.2.1).

Als Nachteile müssen allerdings die weiten Zündgrenzen des Wasserstoffs in Luft - sie liegen zwischen 5 und 70 Vol-% - sowie die zur Entzündung notwendige geringe Zündenergie angesehen werden. Beides erfordert entsprechende zusätzliche Sicherheitsvorkehrungen bei der technischen und energetischen Nutzung von Wasserstoff. Aber wegen der beiden eben genannten positiven Eigenschaften, hoher gewichtsbezogener spezifischer Heizwert und geringe Schadstoffemission, erfüllt der Wasserstoff grundlegende Anforderungen an einen Energieträger der Zukunft. Daß er zugleich schon seit geraumer Zeit auch ein sehr wichtiger Rohstoff für eine ganze Reihe industrieller Prozesse ist, soll im nachfolgenden Abschnitt etwas näher beleuchtet werden.

## 1.3   Die industrielle Nutzung von Wasserstoff und deren Geschichte

Das noch heute bedeutsamste Verfahren in der chemischen Industrie, bei dem Wasserstoff eingesetzt wird, ist die Ammoniaksynthese. Derzeit beträgt die Weltjahresproduktion dieses wichtigen Ausgangsstoffs für die Düngemittelherstellung (rund 80 % des Aufkommens an Ammonaik werden in diesem Bereich eingesetzt) und die Kunststofferzeugung (Einsatz der restlichen 20 % des Aufkommens an Ammoniak) etwa $85 \cdot 10^6$ t. Dafür werden jährlich rund $170 \cdot 10^9$ Nm³ Wasserstoff eingesetzt.

*Tabelle 2          Weltweite Herstellung und Vebrauch von Wasserstoff im Jahr 1986 (Quelle: BMFT-Gutachten 1988)*

| Herstellung aus | (%) | Verbrauch für | (%) |
|---|---|---|---|
| Erdöl | 55 | Chemische Industrie | 46 |
| Erdgas | 32 | Petrochemie | 20 |
| Kohle | 10 | Prozeßwärme | 28 |
| Chloralkalielektrolyse | 2 | sonstiges | 6 |
| sonstige | 1[1] | | |

1) darunter Wasserelektrolyse < 0,5 %

Der Gesamtverbrauch an Wasserstoff in der chemischen Industrie betrug beispielsweise im Jahre 1986 rund $230 \cdot 10^9$ Nm³ (Tab. 2). Zum Vergleich: Der Weltverbrauch an Wasserstoff lag im gleichen Jahr bei etwa $500 \cdot 10^9$ Nm³. Diese Menge entspricht 185 Mio t SKE[5], die wiederum 2 % des Welt-Endenergieverbrauchs in dem betreffenden Jahr ausmachten.

Die Ammoniaksynthese erfolgt nach dem Haber-Bosch-Verfahren, das zwischen 1905 und 1910 von Fritz Haber (1868-1934) theoretisch begründet und ab 1913 durch Carl Bosch (1874-1940) praktisch realisiert wurde. Bereits seit 1916 wurde das Verfahren u. a. in den seinerzeit eigens dafür errichteten Leuna-Werken (bei Halle) in großtechnischem Maßstab genutzt.

---

[5] SKE = Steinkohleneinheit, nicht gesetzliche Einheit zur statistischen Erfassung des Energieinhalts verschiedener Brennstoffe. Eine SKE (1 kg SKE) repräsentiert den Wärmeinhalt von 1 kg Steinkohle mit einem Heizwert von 29,3076 MJ (Megajoule). 1 t SKE = 29,3076 GJ (Gigajoule).

Die Ammoniaksynthese verläuft in einem mehrstufigen exothermen Prozeß nach der Reaktionsformel

$$3H_2 + N_2 \rightarrow 2NH_3,$$

wobei hier auf eine detaillierte Schilderung der einzelnen Prozeßabschnitte verzichtet werden soll.

Um eine Tonne Ammoniak herzustellen, werden 1.985 m³ Wasserstoff mit 661 m³ Stickstoff umgesetzt. Die bei dieser Reaktion freiwerdende Wärmemenge beträgt 2,69 GJ/tNH$_3$. Der Vollständigkeit halber sei erwähnt, daß Ammoniak durch Wärmezufuhr in entsprechenden Spaltanlagen wieder in seine Bestandteile zerlegt werden kann. Es ist dies ein Prozeß, der, wie in Abschn. 3.1.2 dargelegt, bei bestimmten Konzeptionen der Wasserstoffnutzung, vor allem im Hinblick auf dessen geplanten effektiven Transport über größere Entfernungen, eine gewisse Rolle spielt.

Große Bedeutung hat der Wasserstoff auch für die Verfahren zur Veredlung der fossilen Energieträger Erdöl und Kohle (Tab. 2), an deren Entwicklung schon seit einigen Jahrzehnten gearbeitet wird. Um aus diesen beiden Primärenergieträgern flüssige und gasförmige Endenergieträger und chemische Rohstoffe herstellen zu können, sind, in Abhängigkeit vom jeweiligen Ausgangsmaterial, Wasserstoffmengen zwischen 400 und 2.850 m³ pro Tonne eingesetzter Primärenergieträger erforderlich. Dabei werden mittels hydrierender Raffinerieverfahren aus Rohöl, einem Gemisch aus unterschiedlichen Kohlenwasserstoffen, leichte Destillate hergestellt. In einer ersten Stufe, dem Hydrotreating, werden zunächst die im Rohöl gebundenen Verunreinigungen wie Schwefel und Stickstoff, aber auch metallorganische Verbindungen über spezielle Hydrierungsreaktionen abgetrennt und entfernt. Beim darauf folgenden Schritt, dem Hydrocracken, erfolgt die eigentliche Spaltung des Schweröls bei Temperaturen zwischen 250 und 380 °C sowie Drücken von 10 bis 12 MPa. Auf eine weitere Darlegung des jeweiligen Verfahrensablaufs soll hier verzichtet werden. Wie wichtig dafür allerdings der Wasserstoff ist, zeigen bereits die Bezeichnungen der einzelnen Verfahrensschritte. Beginnen diese doch alle mit dem Wort Hydro, das auf Hydrogenium, also Wasserstoff, zurückzuführen ist.

Ähnlich verhält es sich mit der hydrierenden Kohleveredlung, deren Grundprinzip darin besteht, die hochmolekulare Struktur der Kohle unter gleichzeitiger Anlagerung von Wasserstoff zu spalten. Je nach Art der eingesetzten Kohle und den durch die Veredlung angestrebten Endprodukten, müssen bei der hydrierenden Kohleveredlung zwischen 20 und 100 % des Energieinhaltes der Einsatzkohle über den Wasserstoff als chemische Energie eingebracht werden. Hauptverfahren sind dabei die hydrierende Kohlevergasung, bei der feinkörnige Kohle mit Wasserdampf in einer exothermen Reaktion zu einem Rohgas mit hohem Methangehalt umgewandelt wird, und die Hydropyrolyse, bei der nur ein Teil der eingesetzten Kohle in Gegenwart von Wasserstoff thermisch gespalten und zu flüssigen und gasförmigen Kohlenwasserstoffen aufhydriert wird. Alle diese Verfahren sind in ihrem Grundprinzip bereits seit vielen Jahren in der praktischen Nutzung. Die verfahrenstechnische Weiterentwicklung auf diesem Gebiet bezieht sich vor allem auf die Gestaltung effektiver Abläufe, was letztendlich zu höheren Ausbeuten führen soll.

Ebenfalls schon seit Jahrzehnten in der Karbochemie im Einsatz sind die Verfahren zur Kohleverflüssigung. Der bereits im Zusammenhang mit der Ammoniaksynthese genannte deutsche Chemiker Carl Bosch entwickelte im ersten Drittel unseres Jahrhunderts gemeinsam mit Friedrich Bergius (1884-1949) ein Hochdruckverfahren zur Kohleverflüssigung, das international unter dem Namen Bergius-Verfahren bekannt wurde. Beide Wissenschaftler erhielten dafür 1931 den Nobelpreis für Chemie. Das Bergius-Verfahren dient seither der Produktion flüssiger Treibstoffe aus festen oder nahezu festen Kohlenwasserstoffen, wobei die früher ausschließlich eingesetzte Kohle - für sie war das Verfahren ursprünglich entwickelt worden - heute meist durch Braunkohle-Schwelteere und Rückstände aus der Erdölverarbeitung ersetzt wird. Zum Bergius-Verfahren selbst sei nur soviel gesagt, daß es in zwei Stufen verläuft, der Sumpf- und der Gasphase, in denen die Einsatzstoffe bei Temperaturen zwischen 410 und 600 °C sowie Drücken von 20 bis 70 MPa hydriert werden. Auf die Darstellung der dabei im einzelnen ablaufenden Reaktionen wird hier mit Absicht verzichtet.

Wasserstoff wird aber auch schon seit langem zur Hydrierung natürlicher Fette und Öle eingesetzt, beispielsweise bei der Margarineherstellung. Dadurch wird u. a. eine Erhöhung der Konsistenz von Speisefetten (Fetthärtung) erreicht. Wasserstoff spielt gleichfalls eine gewisse Rolle in der Pharma- und in der Elektronikindustrie sowie bei der Herstellung von Flachglas nach dem "float-glass"-Verfahren. Mit Letztgenanntem erhält man ohne Nachbehandlungsstufen ein Flachglas mit hoher Qualität.

Schließlich sei noch auf die Möglichkeit der Direktreduktion von Eisenerz zu Eisenschwamm als ein weiteres industrielles Einsatzgebiet von Wasserstoff verwiesen. Im Gegensatz zum herkömmlichen Hochofenprozeß, bei dem Eisenerz mit Kohle zu flüssigem, kohlenstoffreichem Roheisen reduziert wird, erfolgt bei diesem Verfahren die Direktreduktion zu Eisenschwamm mit einem geringen Kohlenstoffgehalt bei Temperaturen zwischen 600 und 900 °C im Beisein von Wasserstoff oder einem Gemisch von Wasserstoff und Kohlenmonoxid als Reduktionsgas, wobei folgende Reaktionen ablaufen:

$$Fe_2O_3 + 3\,H_2 \rightarrow 2\,Fe + 3\,H_2O + 816\ kJ/kg\ Fe$$
$$Fe_2O_3 + 3\,CO \rightarrow 2\,Fe + 3\,CO_2 - 289\ kJ/kg\ Fe.$$

In den letzten 15 Jahren wurden zahlreiche Verfahren zur Direktreduktion von Eisenerz entwickelt und in die praktische Nutzung überführt. Die jeweilige konkrete Prozeßführung dieser Verfahren erlaubt deren Unterteilung in Gasschachtofenverfahren, Wirbelschichtverfahren und diskontinuierliche Retortenverfahren. Wie schon bei den anderen industriellen Nutzungsmöglichkeiten des Wasserstoffs wird auch in diesem Fall auf eine nähere Beschreibung der jeweiligen technischen Details der drei Verfahrensvarianten verzichtet. Die wohl bei den meisten Menschen bekannteste und zugleich für längere Zeit auch spektakulärste Art der technischen Wasserstoffnutzung war dessen Einsatz in den Luftschiffen der ersten vier Jahrzehnte unseres Jahrhunderts. Dabei wurde gewissermaßen direkt an die Ballonversuche von Jacques Alexandre-Cesar Charles (Abschn. 1.1) angeknüpft. Allerdings kamen, im Gegensatz zu den Versuchen von Charles, von Anfang an starre Ballonhüllen zum Einsatz. Dem Start des unter technischer Leitung von Ferdinand Graf Zeppelin (1838-1917) entwickelten Z 1 am 3. Juli 1900 in Manzell am Bodensee folgten zahlreiche weitere Luftschiffe, ehe mit dem 1916 gebauten LZ 62 das erste Zeppelin-Luftschiff geschaffen wurde, das als Weitstreckenfahrzeug angesehen werden konnte. Von diesem Typ wurden bis zum Ende des Jahres 1917 insgesamt 36 Exemplare gebaut, von denen es die letzten Baumuster immerhin auf eine Höchstgeschwindigkeit von 32 m/s brachten und dabei eine Last von

39 t befördern konnten. Der für den Flug erforderliche Auftrieb wurde durch 56.000 m³ Wasserstoff bewirkt (Tab.3).

Ebenfalls im Jahre 1917 wurde das sog. Afrika-Luftschiff LZ 102-L 59 gebaut. Diesen Namen hat es erhalten, weil es am 21. November 1917 von Bulgarien aus eine Fahrt zum Makonde-Hochland im damaligen Deutsch-Ostafrika antrat. Diese Fahrt ist in die Annalen der Luftfahrtgeschichte als die erste Fernfahrt eines Luftschiffes mit einer ansehnlichen Transportlast eingegangen. Neben den 22 Mann der Besatzung waren an Bord des LZ 102 noch rund 23 t Benzin und Öl sowie 14 t Zuladung.

*Tabelle 3*          *Ausgewählte Daten verschiedener Zeppelin-Luftschiffe*

| | LZ 62 | LZ 102 | LZ 112 | LZ 127 | LZ 129 |
|---|---|---|---|---|---|
| Gasinhalt (m³) | 56.000 | 68.500 | 62.200 | 112.000 | 200.000 |
| Durchmesser (m) | 23,9 | 23,9 | 23,9 | 30,5 | 41,2 |
| Länge (m) | 196,5 | 266,5 | 211,5 | 236,0 | 245,0 |
| Motorleistung (PS) | 1.200 | 1.200 | 1.680 | 2.600 | 4000 |
| Höchstgeschwindigkeit (m/s) | 29,5[1] | 28,6 | 35,2 | 35,5 | 36,2 |

[1] Letzte Exemplare diese Modells: 32 m/s

In den Jahren 1928 bis 1938 war es dann Deutschland gelungen, einen regelmäßigen Personen- und Postverkehr mit Luftschiffen aufzubauen. Zur bekanntesten der dabei eingesetzten "Himmelszigarren", so die weitverbreitete populäre Bezeichnung für die Luftschiffe,  wurde das am 18. September 1928 zur ersten Fahrt aufgestiegene LZ 127 "Graf Zeppelin", das als Schrittmacher des transatlantischen Personenflugverkehrs gilt. Das Luftschiff "Graf Zeppelin" war fast neun Jahre lang im Einsatz und legte während dieser Zeit mehr als 1,6 Mill. km zurück. Bei den mehr als 500 Fahrten wurden rund 13.000 Passagiere befördert. In Anlehnung an den Namenspatron dieses Luftschiffes und Konstrukteur der Luftschiffe allgemein, wurden die "Himmelszigarren" bald auch offiziell nur noch Zeppelin genannt. Eine Bezeichnung, die sich bis heute erhalten hat.

Abb. 1    Katastrophe des LZ 129 "Hindenburg" am 6. Mai 1937 in Lakehurst (USA)

Mit dem größten jemals gebauten Luftschiff, dem LZ 129 "Hindenburg" (Tab. 3), wurde ein Höhepunkt im Luftschiffbau erreicht. Zugleich brach aber mit ihm auch die Ära dieses Zweiges des Luftverkehrs abrupt ab. Nachdem das LZ 129 - es hatte einen Inhalt von 200.000 m³ Wasserstoff, war aber bereits für den Einsatz von Helium konzipiert - ein Jahr lang vorrangig auf der Nordamerikaroute verkehrt war, wurde es am 6. Mai 1937 in Lakehurst (USA) durch ein Feuer vernichtet (Abb. 1). Von dieser Katastrophe, bei der 35 Menschen ums Leben kamen, konnte sich die Zeppelin-Luftfahrt nicht wieder erholen, obwohl im gleichen Jahr noch das Schwesterschiff der "Hindenburg", das LZ 130, seiner Fertigstellung entgegensah. Bei diesem Luftschiff wurde erstmals Helium als Traggas verwendete, es kam aber nicht mehr zum regulären Einsatz. Auch der Hinweis darauf, daß die meisten Opfer der Katastrophe von Lakehurst nicht in den Flammen des explodierten Wasserstoffs, sondern durch den Sprung aus der Passagiergondel den Tod fanden, und die Tatsache, daß 62 Personen das Unglück überlebten, konnte das mit diesem Ereignis aufs engste verknüpfte Aus für die Zeppelin-Luftfahrt nicht verhindern. Erst seit den 70er Jahren gibt es zaghafte Wiederbelebungsversuche, allerdings stets mit einem Heliumballon über der Passagiergondel oder den Lastaufnahmevorrichtungen.

Schließlich sei noch kurz auf eine weitere verkehrstechnische Nutzungsmöglichkeit von Wasserstoff eingegangen, auf die Raketentechnik. Bereits in den ersten theoretischen Anfängen der Raumfahrt spielte der Wasserstoff bei den Überlegungen zur Gestaltung effektiver Antriebssysteme für die geplanten Raumflugkörper eine entscheidende Rolle. Und kein geringerer als der als "Vater der Raumfahrt" apostrophierte russische Naturwissenschaftler Konstantin Ziolkowski (1857-1935) schlug nach der Untersuchung zahlreicher Stoffe auf ihre Eignung als Raketenbrennstoff u. a. den Wasserstoff für diese Zwecke vor. Zugleich entwarf er die Grundzüge eines Sauerstoff-Wasserstoff-Raketentriebwerkes, die im wesentlichen noch heute Gültigkeit haben.

Mit den Fragen der Theorie des Raketenfluges und der Raketentechnik und damit naturgemäß auch des Raketenantriebs befaßten sich ebenfalls Friedrich Zander (Sowjetunion), Hermann Oberth, Wernher Freiherr von Braun und Max Valier (Deutschland) sowie Robert H. Goddard (USA), um nur die bekanntesten Namen zu nennen. Konzentrierten sich diese Arbeiten unmittelbar vor und insbesondere gegen Ende des 2. Weltkrieges vor allem auf den militärischen Einsatz von Raketen - erwähnt sei hier nur die V2[6] der deutschen Luftwaffe -, so begann nach Kriegsende, neben der auch weiterhin intensiv betriebenen militärischen Forschung auf diesem Gebiet, ein sehr rascher Aufschwung der Raketentechnik für die beginnende Raumfahrt. Deren eigentlicher Beginn läßt sich auf den 4. Oktober 1957 datieren, als im Rahmen des Internationalen Geophysikalischen Jahres 1957/1958 von der damaligen Sowjetunion der Sputnik I auf eine Umlaufbahn gebracht wurde. Damit hatte die Erde erstmals einen künstlichen Begleiter, und erstmals war die für das Einschwenken in die Erdumlaufbahn erforderliche Geschwindigkeit von >7,9 km/s erreicht worden. Dem ersten künstlichen Erdtrabanten folgten bald weitere. Heute kann die Zahl der unseren Heimatplaneten umrundenden Raumflugkörper kaum noch gezählt werden.

Den unbemannten Raumfahrtunternehmen folgte am 12. April 1961 der Flug Juri Gagarins, bei dem erstmals ein Mensch unseren Erdball umrundete, und nur acht Jahre später betrat der Amerikaner Neil Armstrong als erster Mensch den Mond. Heute gehören bemannte Raumstationen ebenso zum wissenschaftlichen Alltag wie unbemannte Missionen zu anderen Planeten. Und selbst die Ankün-

---

[6] Die V2 (A4) erreichte mit einem Flüssigkeitstriebwerk eine Brennschlußgeschwindigkeit von 5.600 km/h. Ihre Flugweite betrug 320 km bei einer Gipfelhöhe von 85 km. Von den 13.000 kg Gesamtmasse entfielen 980 kg auf die Sprengladung und 8.750 auf den Treibstoff (Alkohol und flüssiger Sauerstoff). Die V2 gehörte mit der V1 zu den sog. Vergeltungswaffen, die von der deutschen Wehrmacht gegen Ende des 2. Weltkrieges entwickelt wurden.

digung, daß Astronauten und Kosmonauten in absehbarer Zeit gemeinsam den Mars ansteuern wollen, hat nur noch vergleichsweise geringes Erstaunen ausgelöst.

Abb. 2   Weltraumrakete Energija

Die erforderliche Schubkraft für das Erreichen der Erdumlaufbahn bzw. für deren Verlassen zu interplanetaren Flügen liefert u. a. der Wasserstoff, der in zunehmendem Maße als eine mögliche Treibstoffkomponente zum Einsatz kommt. Flüssigkeitstriebwerke auf der

Grundlage des erstmals von Ziolkowski vorgeschlagenen Sauerstoff-Wasserstoff-Triebwerkes finden sich sowohl im Space-Shuttle-Programm der USA wie in der gegenwärtig leistungsstärksten Rakete der Welt, der in der ehemaligen Sowjetunion entwickelten "Energija" (Abb.2). Diese kommt aber derzeit u.a. aus technischen Gründen nicht zum Einsatz. Der Space Shuttle Orbiter verfügt über drei Triebwerke mit jeweils 2.227 kN Schub. Um diesen Schub über eine Brenndauer von 480 s aufrechterhalten zu können, enthält der Treibstofftank - er hat einen Durchmesser von 8,4 m und eine Länge von 47 m - 1.535 m³ $LH_2$[7] und 555 m³ $LO_2$[8]. Die gesamte Treibstoffmasse beträgt 703 t. Gleichfalls mit einem leistungsstarken $LH_2/LO_2$-Triebwerk ist die westeuropäische ARIANE 5 ausgerüstet. Das dreistufige Trägersystem besteht aus zwei Feststoffboostern[9] und der zentralen Stufe mit einem VULKAN-Triebwerk, dessen Startschub 800 kN bei einer Brenndauer von 500 s beträgt. Auch für das Projekt des zweistufigen deutschen Raumtransporters "Sänger" wird Wasserstoff als entscheidende Antriebsenergie eingesetzt werden.

Wenn man so will, ist die Raketentechnik der erste erfolgreich praktizierte energetische Einsatz von Wasserstoff in größerem Umfang auf einem ganz speziellen, engbegrenzten Gebiet. Dem dabei genutzten Grundprinzip werden wir aber an einer anderen Stelle wiederbegegnen (Abschn. 4.1).

---

[7] $LH_2$ - gebräuchliche Bezeichnung für flüssigen Wasserstoff. Von engl. liquified hydrogen = verflüssigter Wasserstoff.

[8] $LO_2$ - gebräuchliche Bezeichnung für flüssigen Sauerstoff. Von engl. liquified oxygen = verflüssigter Sauerstoff.

[9] Booster von engl. Förderer, Verstärker; in der Raketentechnik sind Booster Antriebsraketen mit kurzzeitigem, hohem Schub, die in der Startphase den Flugkörper beschleunigen und nach Brennschluß zur Verringerung der Flugkörpermasse abgeworfen werden.

Genaugenommen wurde der Wasserstoff, wenn auch in indirekter Form, aber bereits ab dem Jahre 1800, als wesentlicher Bestandteil von Leucht- und Wassergas, für Beleuchtungs- und Heizzwecke sowie zur Bereitstellung von mechanischer Energie in Gasmotoren genutzt, und in der chemischen Industrie wird ein Teil des dort eingesetzten Wasserstoffs zur Bereitstellung von Prozeßwärme über entsprechende Brenner verwendet (Tab. 2).

# 2    Wasserstofferzeugungsverfahren

Aufgrund der in Abschn. 1.2 erwähnten großen Reaktionsfreudigkeit kommt Wasserstoff in der Natur nicht in ungebundener Form vor. Demzufolge gibt es auch keine Lagerstätten, die erschlossen und ausgebeutet werden können, wie dies beispielsweise bei den fossilen Energieträgern, den festen und flüssigen Kohlenwasserstoffen, der Fall ist. Allerdings muß aus heutiger Sicht diese Aussage etwas eingeschränkt werden, da Geologen der früheren sowjetischen Akademie der Wissenschaften in den 80er Jahren die Theorie aufgestellt haben, wonach sich in der Erdkruste unter bestimmten Bedingungen sehr große Mengen an elementarem Wasserstoff angesammelt haben könnten, die sich möglicherweise sogar fördern ließen. Um diese Theorie zu überprüfen, sollte südwestlich von Irkutsk, in der Tunkinskajadepression, eine Bohrung bis auf 15.000 m Tiefe abgeteuft werden. Mit dem Vorhandensein von Wasserstoff könnte nach der Theorie bereits in Tiefen zwischen 6.000 und 8.000 m gerechnet werden. Inwieweit das Vorhaben nach den politischen Veränderungen auf dem Gebiet der ehemaligen Sowjetunion und den derzeitigen wirtschaftlichen Schwierigkeiten Rußlands auch tatsächlich noch verfolgt wird, ist bisher unbekannt. Und selbst wenn an der Bohrung bereits gearbeitet wird, dauert deren Niederbringen in so extreme Tiefen auch mit modernstem Bohrgerät mehrere Jahre. Es bleibt also abzuwarten, ob sich die aufgestellte These auch tatsächlich bestätigen läßt. Bis dahin gilt daher, daß Wasserstoff nur über entsprechende energieaufwendige Spalt- und Zerlegungsverfahren aus seinen Verbindungen, vor allem den Kohlenwasserstoffen Erdgas, Erdöl und Kohle, sowie aus seinem Oxidationsprodukt, dem Wasser, gewonnen werden kann.

## 2.1  Wasserstoff aus fossilen Quellen

Bereits seit Beginn der Industrialisierung wird Wasserstoff als wichtiger Rohstoff für eine ganze Reihe von Prozessen in der Industrie benötigt (Abschn. 1.2). Seine Erzeugung erfolgt seither vor allem auf der Grundlage verschiedener Reaktionen von Kohle und Koks, seit den 30er Jahren zunehmend auch von Erdöl und Erdgas, mit Wasserdampf. Diese Reaktionen laufen letztlich alle darauf hinaus, das Wassermolekül in Wasserstoff und Sauerstoff zu zerlegen, wobei der Kohlenstoff den Sauerstoff in Form von Kohlendioxid bindet und so der Wasserstoff freigesetzt wird. Die für die jeweiligen Reaktionsabläufe erforderliche Wärmeenergie wird autotherm bereitgestellt. Dies geschieht durch Verbrennen eines Teils der Einsatzenergieträger im jeweiligen Umwandlungsprozeß. In neuerer Zeit sind aber auch Verfahren im Gespräch, bei denen die Bereitstellung der Wärmeenergie aus nuklearen oder anderen Anlagen von außen erfolgen soll. Ein solcher Prozeßverlauf wird als allotherm bezeichnet.

Neben der Kohlevergasung, auf die anschließend etwas näher eingegangen werden soll, spielt dabei auch die *Kohleentgasung* eine gewisse Rolle. Bei ihr wird die Einsatzkohle bis auf Temperaturen von >400 °C erhitzt und das dabei entstehende Gas genutzt. Es weist einen Wasserstoffgehalt von etwa 50 % auf. Neben dem Gas fällt noch Koks als festes Entgasungprodukt an. Durch den Einsatz adsorptiver Gastrennverfahren kann der Wasserstoff aus dem Gasgemisch abgetrennt und einer entsprechenden Nutzung zugeführt werden. Noch bis vor wenigen Jahren war die Kohleentgasung eines der wichtigsten Verfahren für die kommunale und gewerbliche Gasversorgung (Leuchtgas). In nahezu jeder größeren Stadt arbeiteten kommunale Gaserzeugungsanlagen nach diesem Verfahren. Die gewaltigen Gasometer bestimmten häufig deren Silhouette. Erst mit dem Ausbau der Ferngasversorgung auf der Basis von Verfahren zur Kohlevergasung, vor allem aber mit dem Einsatz von Erdgas, verlor die Kohleentgasung ihre bedeutende Rolle auf diesem Gebiet. Doch noch immer ist dieses Verfahren Grundlage für die Koksgewinnung. Auf den Prozeß und seinen Reaktionsablauf soll hier nicht weiter eingegangen werden, da er für die industrielle Wasserstofferzeugung nur noch eine untergeordnete Bedeutung hat.

Weitaus wichtiger für diese Belange ist die bereits erwähnte *Kohlevergasung*. Bei ihr wird der gesamte organische Teil der eingesetzten Kohle durch die autotherme Reaktion mit Wasserdampf sowie Luft und Sauerstoff als Oxydator in Gas umgewandelt. Als fester Rückstand fällt lediglich Asche an. Bei der Kohlevergasung laufen die Reaktionen in einem Temperaturbereich <700 °C ab. Sie können wie folgt beschrieben werden:

*Wasserdampfvergasung*

$$C + H_2O \Leftrightarrow H_2 + CO,$$
$$CO + H_2O \Leftrightarrow H_2 + CO_2,$$
$$CO + 3\,H_2 \Leftrightarrow CH_4 + H_2O,$$

*Hydrierende Vergasung*

$$C + 2\,H_2 \rightarrow CH_4,$$

*Verbrennung*

$$C + O_2 \rightarrow CO_2,$$
$$C + 1/2\,O_2 \rightarrow CO.$$

Diese Reaktionen können ablaufen in (Tab. 4):

- einem abbrennenden Festbett (Lurgi-Druckvergasung); dieses Verfahren arbeitet bei Drücken zwischen 2,5 und 3,5 MPa. Durch den Einsatz von Sauerstoff anstelle von Luft wird ein Gas von höherem Heizwert als bei der üblichen Festbettvergasung erzeugt. Durch Kühlen des gewonnenen Gasgemisches lassen sich verschiedene Flüssigprodukte herstellen. Ein großer Teil des früher im Osten Deutschlands erzeugten Stadtgases (Rohgas) wurde auf dem Wege der Sauerstoffdruckvergasung im Festbett gewonnen. Die Produktion wurde nach der Wende aus ökologischen und wirtschaftlichen Gründen und wegen der zunehmenden Verfügbarkeit des Erdgases in den Haushalten der neuen Bundesländer drastisch reduziert;

- einem abbrennenden Wirbelbett (Hochtemperatur-Winklervergaser); dieses Verfahren wurde aus der "klassischen" Kohlevergasung im Winklergenerator entwickelt, mit der schon seit Jahrzehnten Gas aus Kohle erzeugt wurde. Moderne Generatoren verfügen anstelle des früher üblichen Rostes über einen Düsenboden. Die Kohle wird in Form kleiner Partikel (Tab. 4) in den Vergasungsreaktor eingeblasen und durch ständige Luftzuführung durch den Düsenboden aufgewirbelt. Sie verbleibt während des gesamten Vergasungsprozesses in diesem Schwebezustand. Die eingesetzte Kohle reagiert mit dem Wasserdampf, und es entsteht ein brennbares Gasgemisch aus Kohlenmonoxid und Wasserstoff;

- einer Flugstaubflamme (Koppers-Totzek-Verfahren); bei diesem Verfahren wird feinkörnige Kohle in einer Flugstaubwolke mit Sauerstoff und Dampf vergast. Wegen der kurzen Verweilzeit der Kohle im Vergasungsreaktor werden durch relativ große Sauerstoffmengen sehr hohe Temperaturen erzeugt. Die Asche fällt daher in flüssigem Zustand an.

Die konkreten Druck- und Temperaturbedingungen in den jeweiligen Gasgeneratortypen führen zu einer unterschiedlichen Zusammensetzung des erzeugten Rohgases (Tab. 4). Aus diesem kann im Bedarfsfall der Wasserstoff abgetrennt werden.

Neben Stein- und Braunkohle können auch andere schwerflüchtige fossile Energieträger, beispielsweise Schweröle, für die Wasserstofferzeugung auf dem Wege der Vergasung eingesetzt werden. Allerdings ist bei dem dafür angewendeten Verfahren der *Schwerölvergasung* wegen der geringen Flüchtigkeit und dem hohen Schwefelgehalt des eingesetzten Öls eine Dampfspaltung wie bei der Kohlevergasung nicht möglich. Daher erfolgt hier eine partielle Oxydation in einer Flammenreaktion unter Dampf- und Sauerstoffzuführung. Sie läuft bei Temperaturen zwischen 1.300 und 1.500 °C ab (Texaco-Verfahren).

*Tabelle 4*    *Vergleich wichtiger Daten industriell eingesetzter Kohle-vergasungsverfahren*

| Gasgenerator | Lurgi | Winkler | Koppers-Totzek |
|---|---|---|---|
| Typ | Festbett | Wirbelbett | Flugstaubwolke |
| Temp. (°C) | 700...1.000 | etwa 1.000 | >1.300 |
| Druck (MPa) | 35 | 0,1 | 0,1 |
| *Kohle* | | | |
| Art | Braun- und Steinkohle bis mäßig backend | | alle Kohlen |
| Körnung (mm) | 6...40 | 0...8 | <0,1 |
| *Rohgas* | | | |
| Vol-% $H_2$ | 37...39 | 35...46 | 31 |
| CO | 20...23 | 30...40 | 58 |
| $CO_2$ | 27...30 | 13...25 | 10 |
| $CH_4$ | 10...12 | 1...2 | 0,1 |

Schließlich soll noch kurz auf die Dampfspaltung leichtflüchtiger Energieträger wie Methan und Naphta eingegangen werden. Sie erfolgt in von außen beheizten senkrechten Rohren, die mit einem Nickelkatalysator gefüllt sind, bei Temperaturen zwischen 1.100 und 1.300 °C. In der Regel ist bei der Dampfspaltung von Methan und Naphta eine weitere Nachspaltung erforderlich, um die im Prozeßgas der Primärumsetzung noch enthaltenen erheblichen Mengen an Methan ebenfalls umzuwandeln. Dies erfolgt durch katalytische Verbrennung unter Sauerstoffzusatz, wobei Kohlenmonoxid und Wasser anfallen.

Einer weiteren Konvertierung werden auch die Rohgase aus der jeweiligen ersten Prozeßstufe der Kohle- und Schwerölvergasung unterzogen, da sie noch beträchtliche Mengen an Kohlenmonoxid enthalten (Tab. 5). Durch Methoden der Hoch- und Tieftemperaturkonvertierung und der anschließenden $CO_2$-Wäsche wird das Kohlenstoffangebot des Rohstoffes soweit wie möglich zur Wasserstofferzeugung ausgenutzt (Abb. 3).

*Tabelle 5*        *Rohgaszusammensetzung nach der Primärumsetzung verschiedener Kohlenwasserstoffe bei der Vergasung (%)*

|          | Erdgas     | Naphta[1)]  | Schweröl | Steinkohle |
|----------|------------|-------------|----------|------------|
| $H_2$    | 67,5       | 56,0        | 40,5     | 31,2       |
| CO       | 9,8        | 36,0        | 51,7     | 55,0       |
| $CO_2$   | 10,5       | 9,0         | 3,2      | 11,6       |
| $N_2$    | 2,2...3,0  | 3,0         | 1,9      | 1,0        |
| Rest [2)] | 9,6 ($CH_4$) | 2,0...5,0 | 1,0...2,0 | 1,0...3,0 |

[1)] Stellvertretend für leichtflüchtige Kohlenwasserstoffe
[2)] Enthält Kohlenwasserstoffe sowie organische und anorganische Schwefel- und Stickstoffverbindungen

Hinsichtlich des praktischen Einsatzes der hier mit Absicht nur kurz vorgestellten Auswahl von Verfahren zur Wasserstoffgewinnung aus fossilen Energieträgern ist festzuhalten, daß dabei die Herstellungsverfahren auf der Basis flüssiger und gasförmiger Kohlenwasserstoffe dominieren (Tab. 2). Dieser Weg ist der Kohlevergasung sowohl technisch als auch wirtschaftlich überlegen. Im Zusammenhang mit der Ölkrise zu Beginn der 70er Jahre und dem damit verbundenen rapiden Preisanstieg für Erdöl und Erdgas, erlebte die Kohlevergasung in Deutschland eine kurzzeitige Renaissance. Das Bestreben, den fast ausschließlich aus Importen gedeckten Bedarf an flüssigen und gasförmigen Kohlenwasserstoffen möglichst gering zu halten, hatte dazu geführt, daß die Wasserstofferzeugung auf dieser Grundlage als nicht mehr zukunftsträchtig galt.

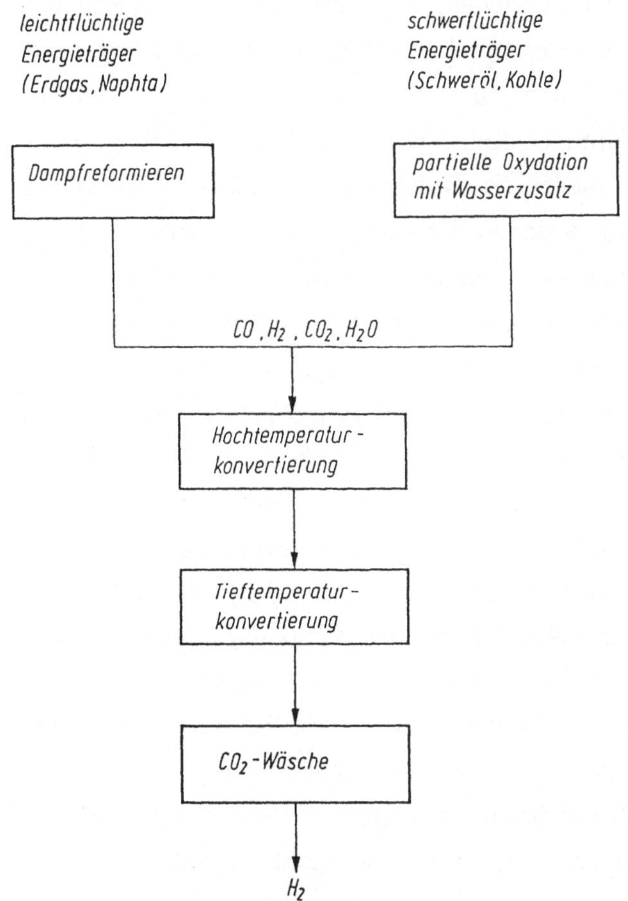


Abb. 3  Schematische Darstellung der Prozeßvarianten für die Wasserstofferzeugung aus fossilen Energieträgern

In verstärktem Maße wurden daher in jener Zeit wieder die Fragen der Kohlevergasung bearbeitet und die bekannten Verfahren hinsichtlich ihrer Ausbeute verbessert sowie neue Anlagenkonzepte auf ihrer Grundlage entwickelt. So u. a. Generatoren für die Druckvergasung im Festbett bei Drücken bis zu 10 MPa und die Flugstaubvergasung von Steinkohle nach dem Saarberg-Otto-Prozeß.

Es bleibt allerdings festzustellen, daß trotz dieser technischen und wirtschaftlichen Verbesserung der Verfahren der Kohlevergasung, die Herstellungsverfahren für Wasserstoff auf der Grundlage flüssiger und gasförmiger Kohlenwasserstoffe schon wenige Jahre nach der Ölkrise wieder an Bedeutung zunahmen. Gegenwärtig werden nur etwa 10 % des in der chemischen Industrie und in der Karbochemie benötigten Wasserstoffs auf dem Wege Kohlevergasung gewonnen (Tab. 2). Dennoch hat sie eine sehr große Bedeutung, da ihr Haupteinsatzgebiet nach wie vor die Bereitstellung von synthetischen Gasen für die unterschiedlichsten industriellen Zwecke ist. Auf eine gesonderte Darstellung dieser Möglichkeiten wird hier verzichtet. Mit Absicht werden auch die Verfahren der allothermen Vergasung von Kohle nicht näher vorgestellt. Es sei dazu lediglich vermerkt, daß für sie charakteristisch ist, daß die eingesetzten Energieträger Kohle, Kohle- oder Vergasungsprodukte außerhalb des eigentlichen Gasgenerators verbrannt werden. Mittels geeigneter Techniken wird die dabei entstehende Wärmeenergie in den Generator eingebracht und dort für den Prozeßablauf eingesetzt. Auf diese Weise entfällt der Bedarf an reinem Sauerstoff. Das erzeugte Rohgas weist einen geringeren Gehalt an Kohlendioxid auf als das aus der autothermen Vergasung gewonnene. Sonst gleichen sich Qualität bzw. Zusammensetzung der beiden Gase. Vor einigen Jahren hatten die Projekte zur allothermen Vergasung vorübergehend einen gewissen Aufschwung erhalten. In den damals entwickelten Konzepten war vorgesehen, für die Wärmeenergiebereitstellung auch die Kernenergie in der konkreten Gestalt eines Hochtemperaturreaktors (HTR) zu nutzen. Es muß allerdings festgestellt werden, daß zu diesem Projekt einerseits noch umfangreiche Entwicklungsarbeiten erforderlich sind. Zum anderen wiesen vor allem die Arbeiten am HTR stets große Zeitverschiebungen gegenüber den ursprünglich vorgesehenen Terminabläufen auf, und gegenwärtig sind sie sogar vollständig eingestellt worden. Hinzu kommt, daß insbesondere nach der Reaktorkatastrophe von Tschernobyl (Ukraine) die Akzeptanz für die Nutzung nuklearer Techniken in der Bevölkerung stark gesunken ist. Es ist daher unklar, ob überhaupt ein Verfahren zur Kohlevergasung mit Hilfe nuklearer Prozeßwärme zur technischen Einsatzreife gebracht werden kann und wann es in die Praxis überführt wird.

Der Vollständigkeit halber sei an dieser Stelle noch erwähnt, daß als Einsatzrohstoffe für die Mehrzahl der hier beschriebenen Vergasungsverfahren auch Biomasse, vorrangig stark verholztes organisches Material sowie Holz selbst, Verwendung finden kann (Abschn. 2.2.5). Die Reaktionsabläufe ähneln den hier dargestellten sehr stark. Allerdings hat die Vergasung von Biomasse für die großtechnische Wasserstofferzeugung nur eine minimale Bedeutung. Von zunehmendem Interesse ist sie allerdings im Zusammenhang mit dem Einsatz von Brennstoffzellen für die Bereitstellung von Elektroenergie und Wärme (Abschn. 4.2).

## 2.2  Wasserstoff aus Wasser

Die im vorangegangenen Abschnitt vorgestellten Verfahren und Methoden der Wasserstoffgewinnung beruhen ausschließlich auf dem Einsatz hochwertiger fossiler Energieträger, die dem Menschen nicht in unbeschränkter Menge zur Verfügung stehen. Schon aus diesem

Grunde erweisen sie sich für eine künftige Wasserstoffenergetik als nicht besonders geeignet. Zu berücksichtigen ist auch die Tatsache, daß bei ihrem Einsatz für die Wasserstofferzeugung lediglich die Umwandlung eines Energieträgers in einen anderen, hier konkret den Wasserstoff, stattfindet. Das mag für einen stoffwirtschaftlichen Einsatz des Wasserstoffs noch akzeptabel sein. Für eine vorgesehene energetische Nutzung gilt aber, daß nach den bisher dafür vorliegenden technischen Konzepten, ohne Berücksichtigung ökologischer Aspekte, fast immer auch die für seine Herstellung verwendeten Energieträger mit nahezu gleicher Effektivität zum Einsatz kommen können. Besonders deutlich wird dies, wenn die Wasserstofferzeugung auf der Basis von Erdöl und Erdgas erfolgt.

Aus diesem Grunde orientiert die künftige Wasserstoffenergetik nahezu ausschließlich auf eine Erzeugung dieses universell nutzbaren Energieträgers durch die Spaltung seiner bekanntesten Verbindung, des Wassers. Einerseits verfügt unser Erdball über unermeßliche Wasservorräte. Andererseits fällt bei der Verbrennung von Wasserstoff, also auch bei seiner energetischen Nutzung, als Reaktionsprodukt ausschließlich Wasser an. Die sehr geringen Mengen an Stickoxiden und Ozon, die unter bestimmten Einsatzbedingungen ebenfalls anfallen können, sollen hier unberücksichtigt bleiben. Damit steht aber der Ausgangsstoff für eine erneute Wasserstofferzeugung wieder zur Verfügung, schließt sich der Kreislauf (Abb 4.).

Die derzeitigen Forschungs- und Entwicklungsarbeiten zur Wasserstoffenergetik konzentrieren sich u. a. darauf, die für die Wasserstoffgewinnung erforderliche Energie möglichst aus nichtfossilen und nichtnuklearen Quellen bereitzustellen. Als besonders aussichtsreich werden dabei zum einen Verfahren zur direkten Nutzung der Sonnenenergie (Photovoltaik und Solarthermik) angesehen. Genutzt werden sollen aber auch die indirekten Erscheinungsformen der Solarenergie wie Windenergie und Wasserkraft, um nur zwei Beispiele zu nennen. Generell wird damit eine Wasserstoffenergetik auf solarer Grundlage angestrebt (Abb. 4).

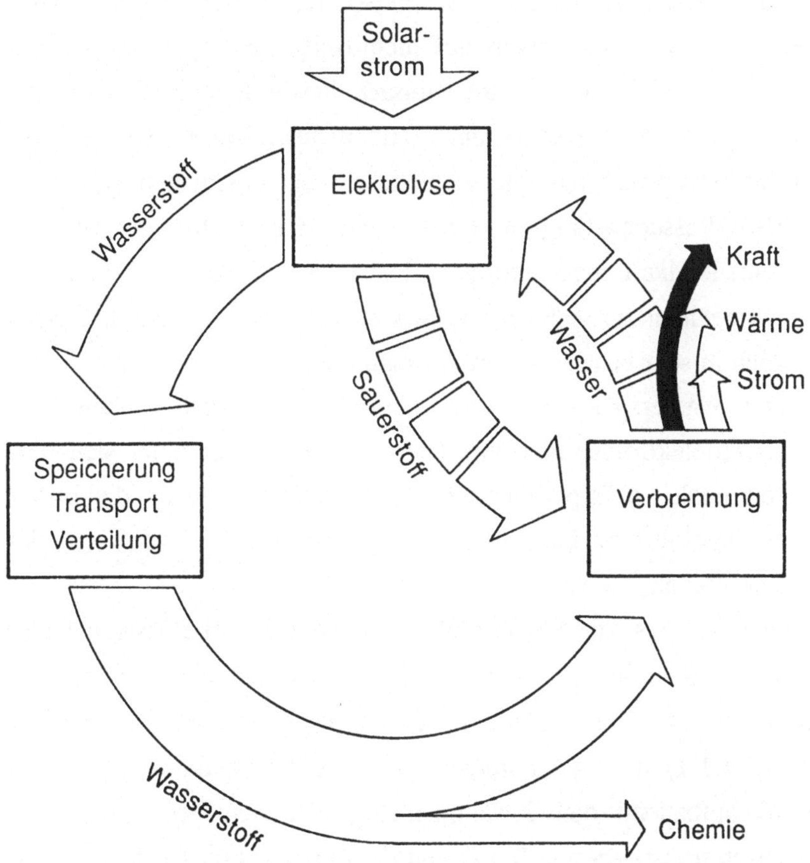


Abb. 4  Schematischer Kreislauf der solaren Wasserstoffenergetik

Auf einige der unter diesem Gesichtspunkt entwickelten bzw. noch in der Entwicklung befindlichen Wasserstofferzeugungstechnologien soll in den folgenden Abschnitten etwas näher eingegangen werden.

## 2.2.1  Elektrolyse

Aus heutiger Sicht erscheint die elektrolytische Spaltung von Wasser in seine gasförmigen Bestandteile Wasserstoff und Sauerstoff als das auf absehbare Zeit einzige großtechnisch realisierbare Verfahren zur Gewinnung von Wasserstoff auf nichtfossiler Basis, und - wie wir noch sehen werden - beim Einsatz bestimmter Techniken der Nutzung der Solarenergie auch auf nichtnuklearer Basis. Dabei können zwei prinzipiell unterschiedliche Wege beschritten werden.

- Die Wasserspaltung in der flüssigen Phase über die konventionelle alkalische Elektrolyse. Dieses Verfahren wird bereits seit Jahrzehnten zur technischen Wasserstofferzeugung genutzt, wenn auch in sehr bescheidenem Ausmaß ( Tab. 2).

- Die Wasserspaltung in der dampfförmigen Phase, auch kurz Dampfelektrolyse genannt. Dieses Verfahren befindet sich derzeit noch im Experimentierstadium, jedoch konnten die bisher durchgeführten Laborversuche generell den Nachweis der technischen Realisierbarkeit erbringen.

Wenden wir uns zunächst der Wasserspaltung in der flüssigen Phase zu. Dieses auch als die *klassische Elektrolyse* bezeichnete Verfahren hat bereits eine Geschichte, die bis in das Jahr 1789 zurückreicht ( Abschn.1.1). Michael Faraday (1791-1867) formulierte schließlich darauf aufbauend den Zusammenhang zwischen der Menge des elektrisch transportierten Stoffs und dem Ladungstransport und schuf damit die theoretische Grundlage aller Elektrolyseverfahren.

Eine Elektrolysezelle besteht aus einem Behältnis, gefüllt mit einem Elektrolyten, wobei zur Wasserspaltung vorzugsweise Kalilauge mit einer Konzentration von 270 bis 300 g/l zum Einsatz kommt, und den beiden Elektroden. In vielen Fällen wird der Elektrolytraum durch ein Diaphragma[10] in einen Kathoden- und einen Anodenraum getrennt (Abb. 5), um eine Vermischung der Elektrolyseprodukte Wasserstoff und Sauerstoff zu verhindern.

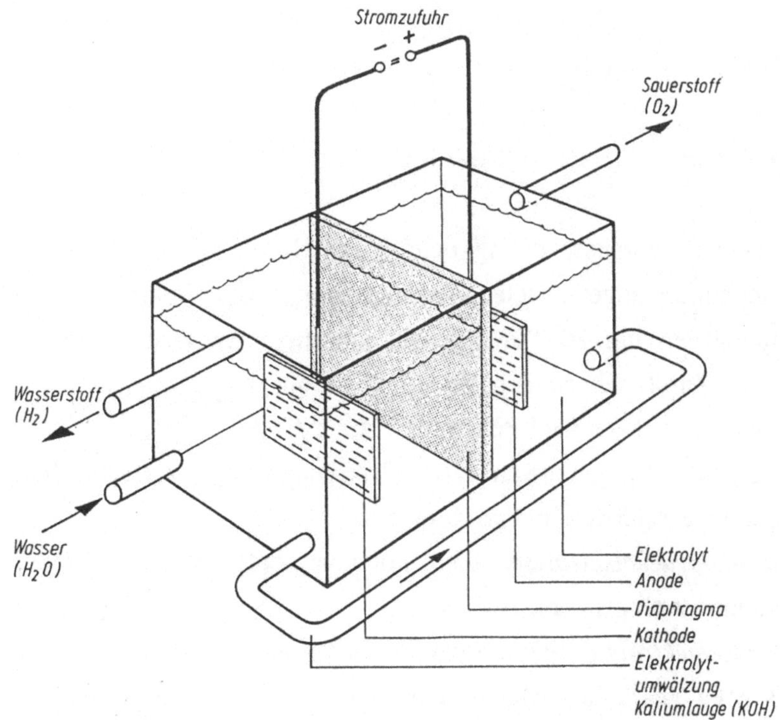


Abb. 5  Funktionsweise der Elektrolyse mit alkalischem Elektrolyt

Die beiden Elektroden bestehen meist aus vernickeltem Eisen (Anode) oder Stahl (Kathode), und ihre Oberflächen sind durch mechanische oder chemische Behandlungen aufgerauht worden. Wird an die Elektroden eine Gleichspannung angelegt, laufen bei

---

[10] Das Diaphragma ist eine poröse stromdurchlässige Scheidewand. Sie erschwert die Diffusion von Molekülen und Ionen in einer Lösung, läßt aber Teilchen passieren, an denen eine einseitig gerichtete Kraft wirkt, beispielsweise Ionen in einem elektrischen Feld.

ständiger Zufuhr von Wasser und Umwälzung des Elektrolyts folgende Reaktionen ab (Abschn.4.2):

*Anode:*    $4\,H_2O + 4e^- \rightarrow 2\,H_2 + 4\,OH^-$

*Kathode:*    $4\,OH^- \rightarrow 4e^- + 2\,H_2O + O_2$

*Zellreaktion:*    $2\,H_2O \rightarrow 2\,H_2 + O_2$

Die Gleichgewichtsspannung beträgt im Normalfall 1,229 V. Bei den technisch angewendeten Konzentrationen des Elektrolyten und Temperaturen um 80 °C liegt sie allerdings zwischen 1,45 und 1,50 V. Zusätzlich zu den beiden Reaktionsprodukten Wasserstoff und Sauerstoff kann auch schweres Wasser ($D_2O$) anfallen.

Die gegenwärtig genutzten Elektrolyseanlagen zur Wasserspaltung werden unterschieden in Verfahren der

- *Normaldruckelektrolyse* - diese kommen heute nur noch in relativ kleinen Anlagen zum Einsatz;
- *Druckelektrolyse* - bei diesem Verfahren wird mit Drücken bis zu 3 MPa gearbeitet. Dadurch erhöht sich, in Abhängigkeit vom konkret gewählten Betriebsdruck, die Gleichgewichtsspannung.

Alkalische Elektrolyseanlagen zur Wasserspaltung sind Stand der Technik. Ihr entscheidender Nachteil ist allerdings der hohe spezifische Bedarf an Elektroenergie, der bei etwa 4,5 kWh/m³ Wasserstoff liegt.

Dieser hohe Elektroenergiebedarf ist ein Hauptgrund dafür, daß die Anlagen der klassischen alkalischen Elektrolyse zur Spaltung von Wasser gegenwärtig meist nur dann eingesetzt werden, wenn Elektroenergie aus nichtfossilen Quellen in ausreichenden Mengen und verhältnismäßig billig zur Verfügung steht. Im Jahre 1988 waren unter dieser Voraussetzung weltweit alkalische Elektrolyseanlagen mit einer elektrischen Gesamtleistung von annähernd 600 MW im Einsatz. Ihr Betrieb erfolgte fast ausschließlich im engen Verbund mit herkömmlichen Elektroenergieerzeugungsanlagen auf nichtfossiler Basis, um deren bessere Auslastung zu erreichen. So gibt es beispielsweise bereits seit einiger Zeit in verschiedenen Ländern ausgereifte und technisch erprobte Konzepte für eine derartige Kombination mit Kernkraftwerken. Auf diese Möglichkeit wird aber hier bewußt nicht weiter eingegangen, da bei ihr die eingangs genannte Forderung nicht erfüllt wird, wonach eine künftige Wasserstoffenergetik nur dann zur Lösung der Umweltproblematik beitragen kann, wenn sie auf der Nutzung von nichtfossilen und nichtnuklearen Energiequellen beruht.

*Tabelle 6*        *Großanlagen zur alkalischen Wasserelektrolyse*

| Standort | Land | Kapazität ($Nm^2H_2/h$) |
|---|---|---|
| Assuan | Ägypten | 33.000 |
| Nangal | Indien | 30.000 |
| Ryukan | Norwegen | 27.900 |
| Ghomfjord | Norwegen | 27.100 |
| Trail | Kanada | 15.200 |
| Cuzco | Peru | 4.500 |
| Huntsville | USA | 535 |

Weitaus interessanter ist unter diesem Gesichtspunkt die mögliche Kopplung von Elektrolyseanlagen mit Wasserkraftwerken. Bereits Ende der 80er Jahre gab es u. a. in Kanada, Norwegen, Ägypten und Indien umfangreiche Erfahrungen mit dem Betrieb derartiger Kombinationsanlagen. In diesen Ländern werden schon seit geraumer Zeit mit Erfolg und zu wirtschaftlich akzeptablen Bedingungen Anlagen zur alkalischen Elektrolyse des Wassers mit Kapazitäten von jeweils mehr als 15.000 $Nm^3$ Wasserstoff pro Stunde betrieben (Tab. 6). Die erforderliche Elektroenergie stellen Wasserkraftwerke in den betreffenden Ländern in bedarfsschwachen Zeiten zur Verfügung.

Eine solche Kopplung ermöglicht zum einen eine bessere Auslastung der jeweiligen Wasserkraftwerke. Diese arbeiten auf Grund der gegebenen natürlichen Bedingungen und auch unter technischen sowie wirtschaftlichen Gesichtspunkten am effektivsten im kontinuierlichen Betrieb, als sog. Grundlast-Kraftwerke. In Zeiten eines geringeren Elektroenergiebedarfs können sie durch die beschriebene Kopplung mit einer Elektrolyseanlage trotzdem konstant mit gleicher Leistung weiter betrieben werden. Sie erreichen damit eine bessere Auslastung und eine höhere Wirtschaftlichkeit. Zum anderen gestattet es eine solche Kopplung, bei einer Zunahme der Wasserführung in den Staubecken bzw. Flüssen und der damit verbundenen möglichen höheren Leistungabgabe der Wasserkraftwerke, zusätzliche Elektrolyseanlagen in das System einzubeziehen. In all diesen Fällen übernimmt der Wasserstoff gewissermaßen die Funktion eines Speichers für die Elektroenergie. Er kann beispielsweise in Tanks gelagert und bei einer entsprechenden Nachfrage wieder in Elektroenergie umgewandelt werden. Künftig werden aber eher induktive supraleitende[11] Speicher, die vom Grundprinzip her bereits entwickelt wurden, eine

---

[11] Supraleitung, die praktisch unbegrenzte elektrische Leitfähigkeit (Verschwinden des elektrischen Widerstandes) von Metallen, Legierungen, metallähnlichen Verbindungen und sogar einigen organischen Verbindungen in der Nähe des absoluten Nullpunktes der Temperatur.

solche Aufgabe übernehmen. Ihr Wirkungsgrad liegt bei 90 %, während der der Speicherung mittels Wasserstoff nur etwa 40 % beträgt. Die Zwischenspeicherung über Wasserstoff bleibt aber immer dann interessant, wenn zugleich eine räumliche Verschiebung (Transport) dieser Energie über eine möglichst große Distanz erfolgen soll, die leitungsgebunden, in Form von Elektroenergie, nicht überbrückbar ist. Dies kann vonstatten gehen durch den Transport des Wasserstoffs in Pipelines oder auf andere Weise (Kap. 3). Der Wasserstoff kann so in die industriellen Verbraucherzentren zum energetischen oder stoffwirtschaftlichen Einsatz gebracht werden. Zwar bietet sich für die erste Möglichkeit künftig ebenfalls die Technik der Supraleitung an, für den Zeitpunkt der technischen Verfügbarkeit von supraleitenden Elektroenergiefortleitungsnetzen zur Überwindung großer Entfernungen liegen gegenwärtig aber noch keine konkreten Angaben vor.

Selbst der Überseetransport von Energie erscheint über den "Umweg" des Wasserstoffs als nichts Ungewöhnliches mehr. Bereits Ende 1988 wurde mit den ersten theoretischen Vorarbeiten zum "Euro-Quebec Hydro-Hydrogen Pilot Project" oder kurz "Euro-Quebec-Projekt" begonnen, das eine künftige Nutzung kanadischer Elektroenergie in Westeuropa zum Ziel hat. Vorgesehen ist, die derzeit nicht vollständig ausgelasteten Wasserkraftwerke Ostkanadas kontinuierlich mit voller Leistung zu betreiben und die so gewonnene zusätzliche Elektroenergie für die Erzeugung von Wasserstoff mittels Elektrolyse zu nutzen. Denkbar ist aber für die Zukunft auch ein gezielter weiterer Ausbau der Wasserkraftressourcen des Landes vorrangig für diese Zwecke. Der Wasserstoff soll von den in einem Atlantikhafen gelegenen Erzeugungsanlagen entweder als $LH_2$ oder chemisch gebunden (Abschn. 3.2) per Tanker nach Westeuropa

transportiert werden. Dort könnte er dann u. a. in speziellen Block-
heizkraftwerken[12] zur kombinierten Bereitstellung von Elektroenergie und Wärme eingesetzt werden, wobei im Rahmen des "Euro-
Quebec-Projektes" zunächst an eine äquivalente Kraftwerksleistung
von 100 MW mit Standort Hamburg gedacht ist. Untersucht wird
auch der mögliche Einsatz des $LH_2$ in Kraftfahrzeugen und
Flugzeugen (Abschn. 4.4). Allerdings gibt es auf diesem Gebiet
noch beträchtliche Probleme hinsichtlich der Wirtschaftlichkeit, da
der Preis des $LH_2$ aus den kanadischen Quellen unter derzeitigen Bedingungen noch wesentlich über dem aller herkömmlichen Treibstoffe liegen würde. Für die Wirtschaftlichkeitsbetrachtungen im
Rahmen des "Euro-Quebec-Projektes" wird daher von einer anzu-
strebenden Kostenobergrenze für den Wasserstoff von 0,15 ECU pro
kWh ausgegangen.

Auch für die Kopplung von Elektrolyseanlagen mit Techniken zur
Nutzung anderer erneuerbarer Energiequellen gibt es gegenwärtig
schon eine ganze Reihe von Projekten und Demonstrationsanlagen.
Deren Spannbreite reicht von der Kopplung der Elektrolysezellen mit
Windenergiekonvertern auf See und an Land, über schwimmende
chemische Fabriken auf der Grundlage des OTEC-Verfahrens[13] bis

---

[12] Blockheizkraftwerk, ein mit Erdöl oder Erdgas betriebenes kleines Kraftwerk,
das einen größeren Häuserblock oder eine eng zusammenhängende Siedlung mit
Elektroenergie und - über eine Kraft-Wärme-Kopplung - mit Fernwärme versorgt.
[13] Das Ocean Thermal Energy Conversion-Verfahren, kurz OTEC genannt, nutzt
die Temperaturdifferenz zwischen warmem Oberflächen- und kaltem Tiefenwasser
vorrangig tropischer Meeresgebiete zur Elektroenergieerzeugung aus. Dabei kommen niedrigsiedende organische Verbindungen in einem geschlossenen Kreislauf
zum Einsatz. Sie werden mit Hilfe des warmen Oberflächenwassers verdampft,
über eine Turbine geleitet und anschließend mit kaltem Tiefenwasser wieder kon-
densiert. Der energetische Wirkungsgrad des Verfahrens liegt wegen des hohen
Aufwandes an Pumpenergie für das aus Tiefen von ca. 700 m zu fördernde
Tiefenwasser derzeit unter 3 %.

hin zu den als besonders aussichtsreich angesehenen Anlagen zur Erzeugung von solarem Wasserstoff, d. h. zur Kopplung leistungsfähiger Solarzellenkraftwerke mit modernen Elektrolyseanlagen. Auf letztgenannte Möglichkeit soll nachfolgend etwas näher eingegangen werden.

Abb.6   Blick auf die Solar-Wasserstoffanlage Neunburg vorm Wald

Am 16. Mai 1988 wurde in der Nähe des beschaulichen Städtchens Neunburg vorm Wald in der Oberpfalz der Grundstein für eine Anlage zur solaren Wasserstofferzeugung gelegt, von der sich Industrie und Forschung, unter Federführung der Bayernwerk AG, einen wesentlichen Schritt in Richtung der künftigen energetischen Nutzung von Wasserstoff versprechen (Abb. 6). Die Wahl fiel auf diesen Ort in Ostbayern vor allem deshalb, weil er mit einer durchschnittlichen Sonnenscheindauer von mehr als 1.700 h/a zu den von unserem Zentralgestirn besonders bevorzugten Gebieten

Deutschlands gehört. Und auf die Sonne kommt es den Experten der Bayernwerk AG und dem Bundesministerium für Forschung und Technologie (BMFT), als finanziellem Förderer des Vorhabens, bei dieser Anlage ganz besonders an. Die Sonnenstrahlen werden nämlich mit Hilfe einer rund 3.000 m² großen Solarzellenfläche direkt in Elektroenergie umgewandelt, die wiederum in einer nachgeschalteten alkalischen Elektrolyse zur Spaltung von Wasser eingesetzt wird. Knapp zwei Jahre nach der Grundsteinlegung lieferten die beiden Photovoltaikfelder der Anlage mit einer Spitzenleistung von 278 kW erstmals Elektroenergie in das Versorgungsnetz. Bis zur offiziellen Inbetriebnahme der Gesamtanlage am 25. September 1990 wurden schrittweise weitere Komponenten der Systemkette installiert, die sich aus photovoltaischer Elektroenergieerzeugung, Wasserelektrolyse, $LH_2$-Speicherung und Wasserstoffanwendung zusammensetzt.

Die Demonstrationsanlage in Neunburg vorm Wald umfaßt insgesamt eine Fläche von 50.000 m². Davon entfallen etwa 9.000 m² auf die beiden Photovoltaikfelder. Die reine Solarzellenfläche beträgt allerdings, wie bereits erwähnt, nur 3.000 m². Da die Solargeneratoren verschattungsfrei aufgestellt wurden, ergibt sich der insgesamt größere Flächenbedarf. Mit der Anlage wird in erster Linie angestrebt, das Zusammenspiel der beiden Hauptkomponenten Solarzellenkraftwerk und Elektrolyseanlage im praktischen Betrieb zu erproben. In der ersten Ausbauphase werden weiterhin verschiedenartige Solarmodule[14] aus mono- und polykristallinem Silizium

---

[14] Ein Solarmodul besteht stets aus mehreren der üblicherweise 10 cm x 10cm großen Solarzellen. Eine solche Verschaltung ist notwendig, da eine einzelne Solarzelle unter Standardbedingungen nur eine Spannung von 1 V bei einer Stromstärke von 2 A abgibt. Die Nennleistung eines Solarmoduls hängt somit von der Anzahl der zusammengeschalteten Solarzellen ab. Durch Verschaltung mehrerer Solarmodule erhält man einen Solargenerator. Dessen Ausgangsnennleistung wird von der Anzahl der in Reihe und parallel geschalteten Solarmodule bestimmt.

(Abb.7) eingesetzt und hinsichtlich ihres Wirkungsgrades der Umwandlung von Sonnenenergie in Elektroenergie im Langzeitversuch getestet. Dabei wird neben dem Betriebsverhalten des gesamten Solargenerators vor allem die Eignung unterschiedlicher Aufständerungen von  Solarmodulen und der Einsatz rahmenloser Solarmodule für den Routinebetrieb untersucht. In einer zweiten Ausbauphase, die bis zum Jahre 1996 dauern soll, ist eine Erweiterung der Photovoltaikanlage um ca. 80 kW Spitzenleistung vorgesehen, wobei Solargeneratoren neuester Technologie zum Einsatz kommen werden. Gedacht ist dabei  u. a. an zwei Teilfelder von je 25 kW Spitzenleistung auf der Basis von amorphem Silizium sowie an Solarmodule in Dünnschichttechnik.

Abb. 7  Montage des Solargenerators in der Solar-Wasserstoff-Anlage in
        Neunburg vorm Wald

Zum derzeitigen Ausbauzustand der Solar-Wasserstoffanlage von Neunburg vorm Wald (1. Projektphase) gehören neben den beiden Photovoltaikfeldern u. a. noch zwei Wasserelektrolyseure mit 211 kW elektrischer Gesamtleistung, zwei Brennstoffzellenanlagen, zwei Gasheizkessel mit jeweils 20 kW thermischer Leistung sowie eine Flüssigwasserstoff-Tankstelle. Die Erprobung dieser Wasserstoff-Anwendungstechniken (auf sie wird im Kap. 4 noch näher eingegangen) erfolgt ebenfalls im Rahmen des Solar-Wasserstoff-Projektes von Neunburg vorm Wald.

Da selbst in der relativ sonnenreichen Oberpfalz die natürlichen Voraussetzungen für den effektiven Einsatz von Solarzellen und damit des gesamten Verfahrens zur solaren Wasserstofferzeugung nicht sonderlich günstig sind, hat die Deutsche Forschungsanstalt für Luft- und Raumfahrt (DLR) in Stuttgart, mit verschiedenen anderen Partnern aus Industrie und Forschung, ein Projekt mit ähnlicher Zielstellung in Angriff genommen. Es ist allerdings ausschließlich für sonnenreiche außereuropäische Gebiete gedacht. Lediglich die erste Versuchsanlage dieses als HYSOLAR (abgeleitet von Hydrogen für Wasserstoff und Solar für Sonnenenergie) bezeichneten Projektes arbeitet in Stuttgart. Sie nahm im Sommer 1988 erfolgreich den Testbetrieb auf, wobei als Arbeitsschwerpunkt die Überprüfung und Verbesserung von neuen Konzepten der Leistungsanpassung von Solargenerator und Elektrolyseur, die Untersuchung und Weiterentwicklung fortgeschrittener Elektrolyseverfahren sowie die Optimierung des Gesamtsystems angesehen werden. Der Solargenerator der Stuttgarter Anlage besteht aus 720 Solarmodulen, die bei einer Bestrahlungsstärke von 800 W/m² eine elektrische Leistung von 10 kW bereitstellen. Die mit dieser Anlage erzielten Erkenntnisse werden auf eine in der Nähe der saudiarabischen Hauptstadt Ar-

Riyad nach dem gleichen Prinzip arbeitende Anlage übertragen. Diese Versuchsanlage im Rahmen des HYSOLAR-Programms verfügt über eine Spitzenleistung von 350 kW und liefert seit dem Sommer 1989 täglich 463 m³ Wasserstoff (Abb. 8).

Abb. 8  Teilansicht der HYSOLAR-Demonstrationsanlage in Ar-Riyad

Mit ihr und mit einer 2-kW-Laboranlage an der King-Abdulaziz-University von Jeddah wollen die DLR und die saudiarabische Forschungsorganisation KACST (King Abdulaziz City for Science and Technology) sowie die Universitäten von Az Zahran, Ar-Riyad und Jeddah Forschungsarbeiten unter den konkreten Bedingungen jener Regionen unseres Erdballs ausführen, für die das HYSOLAR-Verfahren letztlich konzipiert worden ist.

Die weitreichenden Pläne sehen dabei vor, daß um das Jahr 2030 herum in den Wüstenregionen Nordafrikas riesige Solarzellenkraftwerke in Betrieb sein werden und die von ihnen erzeugte Elektroenergie zur Herstellung von Wasserstoff mittels der alkalischen Elektrolyse genutzt wird. Zusätzlich ist an die Errichtung solarthermischer Kraftwerke nach dem Turm- und Farmkonzept sowie an den Bau von Sonnenöfen mit großen Parabolspiegeln gedacht. Diese Anlagen sollen zum einen ebenfalls Elektroenergie für die Elektrolyse bereitstellen, zum anderen aber auch Wärmeenergie für fortgeschrittene Verfahren der alkalischen Elektrolyse und für die Dampfelektrolyse sowie die thermochemische Wasserspaltung (Abschn. 2.2.3) liefern. Auf diese Weise würden drei unterschiedliche Technologien zur solaren Wasserstofferzeugung zum Einsatz gelangen (Tab. 7).

*Tabelle 7*        *Vergleich der Wirkungsgrade von drei möglichen Konzepten zur solaren Wasserstofferzeugung (%)*

|  | Solarthermik | Solarzelle | Sonnenofen |
|---|---|---|---|
| Nutzung der Sonnenstrahlung | Absorption | Photovoltaik | Absorption |
| Wirkungsgrad | 0,15...0,25 | 0,10...0,15 | 0,50...0,70 |
| Wasserspaltung | Elektrolyse | Elektrolyse | Elektrolyse |
| Wirkungsgrad | 0,70...0,85 | 0,70...0,85 | 0,70...0,85 |
| Gesamtwirkungsgrad | 0,18 | 0,11 | 0,29 |

Das für alle drei Verfahren benötigte Wasser soll dem Mittelmeer entnommen, über solarthermische Verfahren entsalzt und dann durch Rohrleitungen oder, im Falle einer Entsalzung direkt am Standort des Wasserstofferzeugungskomplexes, durch einen Stichkanal dorthin gebracht werden. Der gewonnene Wasserstoff wird nach seiner Verflüssigung (Abschn.3.1.3) per Rohrleitung bis an die Küste des Mittelmeeres und von dort mit Tankschiffen bis nach Europa transportiert. Als ein Umschlaghafen ist Hamburg vorgesehen. Denkbar ist aber auch der Transport per Pipeline in chemisch gebundener

Form (Abschn. 3.1.2) sowie die Nutzung der bereits vorhandenen interkontinentalen Erdgasleitungen durch das Mittelmeer für einen Transport in gasförmigem Zustand bis nach Sizilien. Von dort aus wäre für die letztgenannte Version die Einbindung in das westeuropäische Erdgasverteilungsnetz gegeben.

Saudi-Arabien selbst erhofft sich von der Realisierung des HYSOLAR-Projektes die Sicherung eines wesentlichen Teils seiner Energieversorgung für jene Zeit, in der die eigenen Erdöl- und Erdgasquellen nicht mehr so reichlich fließen werden wie gegenwärtig. Daraus kann geschlußfolgert werden, daß auch auf der Arabischen Halbinsel künftig Anlagen zur solaren Wasserstofferzeugung entstehen und betrieben werden.

Ob allerdings die eben geschilderte Vision zum genannten Zeitpunkt auch wirklich Realität werden kann, hängt in erster Linie von der Wirtschaftlichkeit der eingesetzten Systemkomponenten ab. Denn deren technischer Entwicklungsstand, vor allem der der solaren Komponenten, ist bereits recht beachtlich. Was noch fehlt ist die wirtschaftliche Effektivität des Gesamtsystems, wobei von größter Bedeutung die Kosten der Elektroenergieerzeugung mittels der Photovoltaik sind. Noch im Jahre der Grundsteinlegung des solaren Wasserstoffprojektes von Neunburg vorm Wald betrugen diese für mitteleuropäische Standorte mehr als 3,- DM/kWh. Legt man einen spezifischen Elektroenergiebedarf für das Verfahren der alkalischen Elektrolyse von 4,5 kWh/m$^3$ Wasserstoff zugrunde, so ergeben sich Kosten für den solar erzeugten Wasserstoff, die weit über denen der herkömmlichen flüssigen und gasförmigen Energieträger liegen. Das gilt in etwas abgeschwächter Form auch für die solare Wasserstofferzeugung in sonnenreichen außereuropäischen Gebieten. Selbst für den Zeitraum, zu dem von dort der Wasserstoff, entsprechend dem HYSOLAR-Projekt, in größeren Mengen bezogen werden könnte. Unter diesem Gesichtspunkt läßt sich sein energetischer Einsatz, der letztendlich zur Ablösung der herkömmlichen Energieträger führen soll, wirtschaftlich kaum vertreten. Die Gefahren einer drohenden Klimakatastrophe haben bei zahlreichen Regierungen Bemühungen ausgelöst, die $CO_2$-Abgabe an die Atmosphäre drastisch zu reduzieren. In Deutschland wird beispielsweise eine Verringerung um 30 % bis zum Jahre 2005, bezogen auf die Situation im Jahre 1987, angestrebt. Diese Bemühgungen sollten nun die Fragen der Wirtschaftlichkeit des solaren Wasserstoff in einem anderen Licht erscheinen lassen. Unterstützt wird dies von einem der Forschungs- und Entwicklungsschwerpunkte der beiden eben vorgestellten Projekte zur solaren Wasserstofferzeugung. Er besteht in der Suche nach Wegen und Möglichkeiten einer deutlichen Reduzierung der Herstellungskosten für die Solarzellen und in der Erhöhung ihres Umwandlungswirkungsgrades. Gegenwärtig sind industriell hergestellte Solarzellen in der Lage, rund 16 % der auf sie einfallenden Sonnenenergie in Elektroenergie umzuwandeln. Im Labormaßstab gefertigte Solarzellen aus kristallinem Silizium erreichen bereits einen Wirkungsgrad von bis zu 23 %. Stünden derartig effiziente Solarzellen beispielsweise bereits in großen Mengen für das HYSOLAR-Projekt zur Verfügung, so würde dies zu einer deutliche Verringerung der spezifischen Elektroenergieerzeugungskosten führen.

Zwar sind die Einsatzbedingungen für Solarzellen-Kraftwerke in Saudi-Arabien und Nordafrika wegen der dort anzutreffenden günstigeren natürlichen Voraussetzungen besonders gut - in diesen Gebiet liegen die Werte der jährlichen Globalstrahlung bei über 2.000 kWh/m², in Mitteleuropa werden lediglich rund 1.000 kWh/m² im Jahr erreicht -, aber selbst unter diesen außer-

ordentlich günstigen Voraussetzungen betragen die Elektroenergieerzeugungskosten in solchen Anlagen gegenwärtig noch mehr als
1,50 DM/kWh. Nicht berücksichtigt sind dabei die für einen kontinuierlichen Betrieb der mit den Solarzellenkraftwerken gekoppelten
Elektrolyseanlagen erforderlichen umfangreichen Energiespeicher
zum Ausgleich der tageszeitlichen und saisonalen sowie der witte-
rungsbedingten Schwankungen im Strahlungsangebot der Sonne.
Diese haben ja einen direkten Einfluß auf die Elektroenergieerzeugung der Solarzellenkraftwerke und würden ohne eine entsprechende
Speicherung einen durchgängigen Betrieb der Elektrolyseure beein-
trächtigen.

Neben den hier nur kurz angedeuteten Forschungs- und Entwicklungsarbeiten zur Verbesserung der Effektivität der eingesetzten Solarzellen, ähnliche Bemühungen zur Verbesserung des Umwandlungswirkungsgrades gibt es auch für die zum Einsatz vorgesehenen
solarthermischen Verfahren zur Nutzung der Solarenergie, sind für
das HYSOLAR-Projekt aber auch Arbeiten, die auf eine Verringerung des spezifischen Elektroenergiebedarfs der alkalischen Elektrolyse auf möglichst unter 4 kWh/m³ Wasserstoff zielen, von Bedeutung. Dies wird u. a. durch eine Erhöhung der Betriebstemperatur
bis auf 180 °C und eine Steigerung des Betriebsdrucks in den Elektrolysezellen auf 3 MPa versucht. Gearbeitet wird auch an der Verbesserung des Diaphragmas und der Elektroden.

Von besonderem Interesse sind die Entwicklungsarbeiten auf dem
Gebiet der *Dampfelektrolyse*. Bei dem dafür geschaffenen Verfahren,
das häufig nur kurz mit HOT ELLY (von Hochtemperatur-Dampfelektrolyse) bezeichnet wird, kommt eine röhrchenförmige, gasdichte und sauerstoffionenleitende Elektrolytmembran aus Ytterium-
stabilisiertem Zirkonoxid zum Einsatz. Ein solches nur 2 cm x 2 cm

messendes Röhrchen (Abb.9) ist an der Innenseite mit einer Kathode aus Sinternickel und an den Außenseiten mit einem als Anode fungierenden Lanthan-Mangan-Mischoxid belegt. Im praktischen Einsatz werden stets mehrere dieser kleinen röhrchenförmigen Elemente übereinander montiert und elektrisch in Reihe zu größeren Modulen geschaltet.

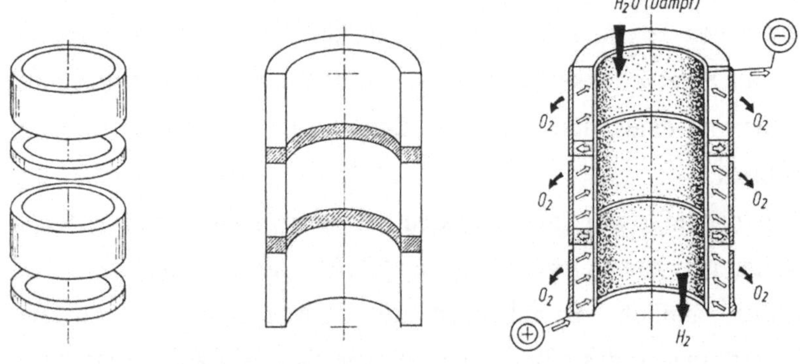


Abb. 9  Schema eines Elektrolyserohrs zur Hochtemperatur-Dampfelektrolyse (HOT ELLY) aus seriengeschalteten Einzelzellen

Wird an die beiden Elektroden eine Gleichspannung angelegt und der Kathodenseite Wasserdampf zugeführt, so kommt es an der Grenzfläche von Kathode zu Elektrolyt zu einer Aufspaltung des Dampfes. Der entstehende Wasserstoff reichert sich im Dampf an, während der Sauerstoff in Form von Ionen zur Anode wandert, wo er entladen und freigesetzt wird (Abb.9). Wasserstoff und Sauerstoff bleiben durch die gasdichte Membran getrennt, so daß eine Reaktion untereinander ausgeschlossen ist. Aufgrund der elektrischen Leitfähigkeitseigenschaften des speziellen Membranmaterials werden bei diesem Elektrolyseverfahren Betriebstemperaturen von mindestens 950 °C erforderlich.

Zum HOT-ELLY-Verfahren sind noch umfangreiche Entwicklungsarbeiten erforderlich, die vor allem die zwei möglichen unterschiedlichen Prozeßvarianten (allotherm und autotherm) betreffen. Teilweise reichen sie bis in den Bereich der Grundlagenforschung hinein. Erst wenn diese Arbeiten positiv abgeschlossen worden sind, können verbindliche Aussagen über die Einsatzfähigkeit des HOT-ELLY-Verfahrens und seine Eignung zur Wasserstofferzeugung im industriellen Maßstab erwartet werden. Die generelle Funktionsfähigkeit des Verfahrens wurde aber bereits im Labor mit einer Langzeitmessung vielzelliger Aggregate und dem Betrieb einer kleinen Technikumsanlage (ca. 2 kW) erfolgreich demonstriert. Dabei wurde für die allotherme Verfahrensvariante ein Bedarf an elektrischer Energie von 2,7 kWh/Nm³H$_2$ und ein solcher an thermischer Energie von 1,1 kWh/Nm³H$_2$ erreicht. Der Gesamtwirkungsgrad der Wasserstofferzeugung lag bei 33,3 % für die autotherme und bei 36,6 % für die allotherme Prozeßvariante, bei einem angenommenen Wirkungsgrad für die Stromerzeugung von 38 %. Verfahren der konventionellen bzw. fortgeschrittenen Wasserelektrolyse erreichen hier nur einen Gesamtwirkungsgrad von 24,8 bzw. 30,1 %.

Ergänzend sei noch vermerkt, daß sich die beiden Verfahrensvarianten auch hinsichtlich der spezifischen Investitionskosten recht deutlich unterscheiden. Beispielsweise liegen die Kosten für die allotherme Prozeßvariante etwa doppelt so hoch wie die der autothermen Variante.

## 2.2.2 Thermolyse

Durch die Einwirkung sehr hoher Temperaturen läßt sich Wasser auf dem direkten Wege in seine Bestandteile Wasserstoff und Sauerstoff zerlegen: erste spürbare Mengen an Wasserstoff fallen bei Temperaturen von etwa 3.000 °C an. Der optimale Prozeßverlauf erfordert allerdings Temperaturen von > 4.000 °C. Beim heutigen Stand der Technik können diese lediglich von modernsten Parabolspiegelanlagen auf dem Wege der Konzentration der Sonnenstrahlung (Sonnenöfen) bereitgestellt werden. Gegenwärtig wird dieses Verfahren fast ausschließlich in besonders sonnenreichen Ländern zur Erschmelzung von hochreinen Metallverbindungen und Sonderwerkstoffen genutzt, wobei die Anlagen keine kommerziellen Aufgaben haben und hinsichtlich ihrer Leistung relativ klein sind.

Die für die thermische Zersetzung von Wasserdampf erforderlichen hohen Temperaturen stellen zugleich das Haupthindernis für die Schaffung technisch nutzbarer Thermolyseverfahren dar, selbst wenn es effektive Möglichkeiten zu deren Bereitstellung geben würde. Sie sind kaum beherrschbar und erfordern spezielle Werkstoffe und Betriebsbedingungen. Hinzu kommt, daß bei der Thermolyse zahlreiche Folge- und Konkurrenzreaktionen ablaufen, die noch nicht alle im konkreten Detail experimentell abgeklärt werden konnten. Sie führen aber für den Gesamtprozeß zu einem äußerst verwickelten Reaktionsablauf, der die Betriebsführung einer entsprechenden Anlage sehr verkomplizieren und zu weitreichenden Problemen führen kann. Aus heutiger Sicht ist daher festzustellen, daß die thermische Zersetzung von Wasserdampf auf dem direkten Wege, auch für die absehbare Zukunft, nicht als kommerziell nutzbarer Prozeß für eine großtechnische Wasserstofferzeugung zum Einsatz kommen wird.

Das schließt allerdings nicht aus, daß in einigen Forschungseinrichtungen weiterhin intensiv an entsprechenden Versuchs- und Laboranlagen gearbeitet wird.


### 2.2.3 Thermochemische Kreisprozesse

Im vorangegangenen Abschnitt wurde bereits darauf verwiesen, daß sich Wasser erst bei Temperaturen von $> 4.000$ °C auf direktem Wege spalten läßt, und solche hohen Temperaturen derzeit weder bereitgestellt noch in großtechnischen thermochemischen Prozessen beherrscht werden können. Die obere Grenze dafür liegt aus heutiger Sicht bei etwa 1.200 °C. Bei einer solchen Temperatur kann aber Wasser durch Wärmeeinwirkung nur noch auf indirektem Wege in seine Bestandteile zerlegt werden.
Entsprechende theoretische und praktische Untersuchungen haben gezeigt, daß dies nur in einem Kreislaufprozeß mit mindestens zwei Stufen und unter Anwesenheit und Mitwirkung bestimmter Arbeitssubstanzen gelingen kann. Als Arbeitssubstanzen werden dabei vorwiegend Metalle, Metalloxide sowie Halogene und deren Verbindungen eingesetzt. Der Prozeßablauf besteht in den meisten Fällen aus einer stufenweisen Verknüpfung von elektrochemischer und thermischer Zersetzung. Bereits seit über einem Dutzend Jahren arbeitet man in zahlreichen Ländern auf diesem Gebiet, und im Ergebnis der entsprechenden Forschungs- und Entwicklungsarbeiten wurden bisher mehr als 200 verschiedenartige thermochemische Kreisprozesse zur Wasserspaltung entwickelt und in der Fachliteratur beschrieben. Auf dem Wege der Prozeßsimulation mittels Computer wurde allerdings festgestellt, daß es insgesamt mehr als 3.000 der-

artiger Kreisprozesse gibt. Ihnen allen gemeinsam ist, daß sie lediglich Energie und Wasser verbrauchen und daß die eingesetzten Arbeitssubstanzen im Kreislauf geführt werden. Sie stehen somit am Ende eines abgeschlossenen Reaktionszyklus für einen neuen Ablauf wieder zur Verfügung. Im Prozeßverlauf entstehen in unterschiedlichen Reaktionsstufen Wasserstoff und Sauerstoff als Produkte der Wasserspaltung. Ihre Abführung aus dem Prozeß ergibt keinerlei technische Probleme. Weiterhin fallen erhebliche Mengen von Abwärme an, die aufgrund ihres hohen Temperaturniveaus vielfältig genutzt werden können.

Von der bereits erwähnten großen Anzahl theoretisch möglicher thermochemischer Kreisprozesse wurden in der Vergangenheit rund 30 als besonders aussichtsreich angesehen und in den Forschungslabors hinsichtlich ihrer reaktionstechnischen Details näher untersucht. In Abhängigkeit von der Art der eingesetzten Arbeitssubstanzen wurden sie dabei von den Wissenschaftlern in "Familien" eingeteilt, von denen die Eisen-Chlor-Familie und die Schwefel-Halogen-Familie die bekanntesten sind.

Die für die thermochemischen Kreisprozesse typischen Reaktionsabläufe sollen nachstehend anhand einiger ausgewählter Beispiele kurz vorgestellt werden:

*Westinghouse-Schwefel-Kreisprozeß*

$$SO_2 + H_2O \xrightarrow{298-373\,K} H_2SO_4 + H_2 \quad \textit{(Elektrolyse)}$$

$$H_2SO_4 \xrightarrow{925-1.125\,K} H_2O + SO_2 + {}^1\!/\!_2\,O_2 \quad \textit{(Thermolyse)}$$

In diesem aus nur zwei Stufen bestehenden Prozeß wird Schwefeldioxid in schwefelsaurer Lösung elektrochemisch zu Schwefelsäure oxydiert, wobei sich an der Kathode Wasserstoff bildet, der entsprechend abgeleitet wird. In der zweiten Verfahrensstufe wird mittels Thermolyse zunächst die Schwefelsäure konzentriert und anschliessend bei hohen Temperaturen zersetzt. Dabei fallen als Reaktionsprodukte Schwefeldioxid und Wasser an. Beide werden wieder in den Prozeß zurückgeführt und stehen für den nächsten Reaktionszyklus zur Verfügung. Der ebenfalls anfallende Sauerstoff läßt sich problemlos aus dem Prozeß herausführen. Das durch die Spaltung verbrauchte Wasser muß ergänzt werden.

*Mark-13-(GFS-Ispra)-Prozeß*

$$2HBr \xrightarrow{\text{353–473 K}} H_2 + Br_2 \quad \textit{(Elektrolyse)}$$

$$Br_2 + SO_2 + 2H_2O \xrightarrow{\text{292–373 K}} 2HBr + H_2SO_4 \quad \textit{(wässrige Lösung)}$$

$$H_2SO_4 \xrightarrow{\text{925–1.125 K}} H_2O + SO_2 + 1/2 O_2 \quad \textit{(Thermolyse)}$$

In der ersten Stufe des Mark-13-(GFS-Ispra)-Prozesses wird zunächst Bromwasserstoff in Wasser zu Bromwasserstoffsäure gelöst. Es folgt deren Konzentrierung und danach eine Elektrolyse bei etwa 373 K. Dabei fallen Wasserstoff und Brom an. Der Wasserstoff wird abgeleitet und das Brom aus der Elektrolytflüssigkeit abgetrennt. In der zweiten Stufe folgt die Reaktion des Brom mit Schwefeldioxid in einer wässerigen Lösung von Bromwasserstoff und Schwefelsäure. Dabei erhält man gasförmigen Bromwasserstoff und eine relativ hochkonzentrierte Schwefelsäure (75-80 %), die in der dritten Verfahrensstufe entweder direkt oder nach weiterer Konzentrierung bei hohen Temperaturen zersetzt werden kann. Am Ende der dreistufigen Reaktion stehen die beiden benötigten Arbeitssubstanzen (Bromwasserstoff und Schwefeldioxid) sowie ein Teil des erforderlichen Wassers wieder für einen erneuten Prozeßablauf bereit.

Schließlich sei noch auf die Möglichkeit verwiesen, den *thermochemischen Kreisprozeß ohne eine Elektrolysestufe* zu gestalten. Entsprechende Arbeiten dazu wurden vor einiger Zeit am Government Industrial Research Institute von Osaka (Japan) durchgeführt. Bei diesem Verfahren wird Bromwasserstoff über mehrere Stufen hinweg thermisch gespalten. Der Wasserstoff fällt bereits in der ersten Verfahrensstufe an. Am Ende des Reaktionszyklus stehen alle für einen erneuten Ablauf erforderlichen Arbeitssubstanzen wieder zur Verfügung; auch hier wird lediglich Wasser und Energie verbraucht.

$$3\,FeBr_2 + 4\,H_2O \xrightarrow{\;893\text{–}1.273\ K\;} Fe_2O_4 + 6\,HBr + H_2$$

$$Fe_3O_4 + 8\,HBr \xrightarrow{\;473\text{–}573\ K\;} FeBr_2 + 4\,H_2O + Br_2$$

$$Br_2 + 2\,H_2O + SO_2 \xrightarrow{\;292\text{–}373\ K\;} H_2SO_4 + 2\,HBr$$

$$H_2SO_4 \xrightarrow{\;1.150\ K\;} H_2O + SO_2 + \tfrac{1}{2}\,O_2$$

Trotz umfangreicher Versuche konnte aber auf dieser Grundlage noch kein Verfahren entwickelt werden, das dem der elektrochemischen Zersetzung des Bromwasserstoffs nach dem Mark-13(GFS-Ispra)-Prozeß überlegen ist. Laborversuche zu den hier genannten thermochemischen Kreisprozessen, aber auch zu weiteren Verfahren auf dieser Grundlage, wie

- dem Jod-Schwefel-Kreisprozeß,

- dem Kreisprozeß zur Spaltung von Jodwasserstoff mit Hilfe von Nickelsalzen,
- dem Vanadium-Chlor-Kreisprozeß,
- dem Selenwasserstoff-Kreisprozeß,

haben deren generelle technische Realisierbarkeit nachgewiesen. Dabei konnten bei einigen Verfahren Wirkungsgrade bis zu 40 % erreicht werden.

Gleiches gilt grundsätzlich auch für eine Reihe von untersuchten *Hybridprozessen,* die dadurch charakterisiert sind, daß bei ihnen die elektrochemische Prozeßstufe (Elektrolyse) in geschmolzenen Salzen bei Temperaturen von 900 bis 950 K abläuft. Als Beispiel für diese Art der thermochemischen Kreisprozesse soll hier die Wasserelektrolyse in geschmolzenem Natriumhydroxid mit Lithium als Arbeitssubstanz genannt werden, bei der in zwei Stufen folgende Reaktionen ablaufen:

$$H_2O + 2Li \xrightarrow[\text{NaOH}]{600-800\ \text{K}} 2LiH + {}^{1}\!/_{2}\, O_2 \quad \textit{(Elektrolyse)}$$

$$2LiH \xrightarrow{1.000-1.200\ \text{K}} 2Li + H_2 \quad \textit{(Thermolyse)}$$

Im Reaktionsablauf diffundiert atomarer Wasserstoff durch eine Membranelektrode und verbindet sich mit Lithium zu Lithiumwasserstoff, der anschließend bei hohen Temperaturen zersetzt wird. Die Hauptprobleme dieses Verfahrens liegen darin, geeignete Membranen bzw. Elektrodenmaterialien für die erforderlichen hohen Temperaturen zu finden.

Noch bis vor einigen Jahren wurde in mehreren Ländern sehr intensiv an der Verbesserung der thermochemischen Kreisprozesse gearbeitet. Die Schwerpunkte lagen dabei vor allem in der Erhöhung der Wasserstoffausbeute in den jeweiligen Prozessen sowie in der Reduzierung des dafür erforderlichen Energiebedarfs. Damals sahen die Wissenschaftler und Techniker in den thermochemischen Prozessen eine besonders zukunftsträchtige Möglichkeit zur Erzeugung von Wasserstoff auf der Grundlage von Wasser, auch im Hinblick auf dessen spätere energetische Nutzung. Wenn es heute relativ ruhig um die Entwicklung dieser Verfahren geworden ist, dann liegt das vor allem darin begründet, daß es derzeit kein für den großtechnischen Einsatz geeignetes wirtschaftliches Verfahren zur Bereitstellung der für die Reaktionsabläufe der thermochemischen Kreisprozesse erforderlichen hohen Temperaturen gibt. Zwar könnten diese u. a. durch solarthermische Verfahren mit einer Strahlenkonzentration, etwa durch große Sonnenöfen oder effiziente Solarturm-Anlagen, bereitgestellt werden, aber hierbei gibt es trotz aller bisher erreichten Fortschritte noch erhebliche technische Probleme. Auch läßt die derzeit erreichte Wirtschaftlichkeit dieser möglichen Techniken zur Wärmeenergiebereitstellung noch zu wünschen übrig. Längere Zeit setzte man große Hoffnungen in eine Wärmebereitstellung durch den Hochtemperaturreaktor. Aber wie bereits in Abschn. 2.1 erwähnt, steht diese Technik in Zukunft wohl kaum noch zur Verfügung. Damit scheint auch das Schicksal einer Wasserstofferzeugung mit Hilfe thermochemischer Kreisprozesse besiegelt.

### 2.2.4 Photochemische und photoelektrochemische Systeme

Noch beinahe am Anfang stehen alle Arbeiten zur Erzeugung von Wasserstoff auf photochemischem und photoelektrochemischem

Wege. Beiden Verfahrenswegen ist gemeinsam, daß sie letztendlich darauf hinauslaufen, Wassermoleküle durch die Einwirkung von Licht in Wasserstoff und Sauerstoff aufzuspalten. Allerdings ist dies nur unter Anwendung eines Tricks möglich. Würden sich nämlich die Wassermoleküle durch die bloße Lichteinwirkung in ihre Bestandteile zerlegen lassen, dann gäbe es auf der Erde schon längst keine Wasservorkommen mehr. Der erwähnte Trick besteht nun darin, dem zu zersetzenden Wasser einen die Lichtstrahlen in starkem Maße absorbierenden Stoff beizumengen. Zusätzlich muß dieser Stoff auch noch die Eigenschaft aufweisen, eine durch das Licht angeregte photochemische Reaktion auslösen zu können. Für die Erfüllung dieser beiden Bedingungen erweisen sich bestimmte Farbstoffe auf der Grundlage von Halbleitermaterialien als besonders geeignet. An deren Partikelgröße und -verteilung in dem zu zerlegenden Wasser werden bestimmte Anforderungen gestellt, die aber hier nicht näher beschrieben werden sollen. Bei dem Ablauf des photochemischen Prozesses zur Wasserspaltung befinden sich dann in dem Wasser Partikel, die das einfallende Licht absorbieren und dabei Elektronen abgeben (Absorber), und solche, die diese Elektronen aufnehmen können (Akzeptor), sowie ein Katalysatormaterial, das den Elektronenübergang in Richtung der Wasserspaltung steuert.

In den Forschungslabors verschiedener Länder wurden bisher zahlreiche Stoffe auf ihre Eignung als Absorber- bzw. Akzeptormaterial für das Verfahren der photochemischen Wasserspaltung getestet. Sie alle hier aufzulisten, würde zu weit führen. Stellvertretend sei die Kombination Ruthenium-Bipyridin/Methylviologen genannt, mit der in einer Versuchsanlage an der Eidgenössischen Technischen Hochschule Lausanne je Sonnentag und Quadratmeter Anlagenfläche rund 30 l Wasserstoff erzeugt werden konnten. Von den Wissenschaftlern wird aber eingeschätzt, daß bei der technischen Umsetzung des Verfahrens aus dem Laborversuch in größere Anlagen die spezifische Ausbeute deutlich sinken wird.

Bei der photoelektrochemischen Wasserspaltung kommt eine Elektrolysezelle zum Einsatz, die aus zwei Photoelektroden und einem mit einem Farbstoff versetzten Elektrolyt - meist Kalilauge - besteht. Im praktischen Betrieb der Zelle wird eine der beiden Elektroden und der Elektrolyt dem Licht ausgesetzt, wodurch es zum einen zur Absorption dieses Lichtes durch den Farbstoff im Elektrolyt und zum anderen zum Aufbau einer elektrischen Spannung zwischen den beiden Elektroden kommt. Beides gemeinsam löst dann den Prozeß der Wasserspaltung aus, wobei sich an der negativen Elektrode der Wasserstoff und an der positiven der Sauerstoff anlagert. Versuche mit derartigen Zellen zur Photoelektrolyse, wie man dieses Verfahren auch bezeichnen kann, erreichen gegenwärtig nur sehr geringe Wirkungsgrade in der Umsetzung der Lichtenergie zu Wasserstoff. Zusätzlich erweist sich die getrennte Abführung von Wasserstoff und Sauerstoff aus den Zellen als äußerst schwierig.

Generell ist daher festzustellen, daß die Vielzahl der noch weitgehend ungelösten Probleme derzeit weder für die photochemische noch für die photoelektrochemische Möglichkeit der Wasserspaltung eine verbindliche Aussage hinsichtlich der technischen Eignung zur künftigen Wasserstoffbereitstellung in größerem Umfang erlauben. Das gilt auch für die zu erwartende Ausbeute, die Wirtschaftlichkeit der entsprechenden konkreten Technologien und den Zeitpunkt ihrer möglichen Verfügbarkeit.

Ähnlich verhält es sich mit der Radiolyse, die hier der Vollständigkeit halber noch genannt werden soll. Bei ihr ist vorgesehen, die Aufspaltung des Wassers in Wasserstoff und Sauerstoff mit Hilfe radioaktiver Strahlung auszulösen. Allerdings liegen dazu bisher nur theoretische Grundlagenuntersuchungen vor.

### 2.2.5  Biophotolyse

Die Arbeiten zur möglichen Erzeugung von Wasserstoff auf photobiologischem Wege befassen sich mit der direkten Umwandlung der Energie der Photonen in die chemische Energie des Wasserstoffs mit Hilfe pflanzlicher Systeme, wobei in diesen Systemen eine Wasserspaltung stattfindet.

Auch auf dem Gebiet der Biophotolyse stecken die Forschungs- und Entwicklungsarbeiten noch im Stadium erster Laborversuche. Zwei unterschiedliche Wege lassen sich dabei unterscheiden:

- die Schaffung künstlicher (In-vitro-) Systeme,
- die Nutzung intakter lebender Organismen.

Ziel der Schaffung von In-vitro-Systemen zur Wasserstofferzeugung ist es, den in den Pflanzen ablaufenden Vorgang der Photosynthese außerhalb derselben nachzugestalten und unmittelbar vor dem Einbau des photolytisch gewonnenen Wasserstoffs in das Kohlehydrat mit Hilfe entsprechender Inhibitoren[15] zu unterbrechen. Auf diese Weise könnte ein zellfreies Verfahren zur Wasserstoffproduktion geschaffen werden.

Die Photosynthese der grünen Pflanzen und der lichtnutzenden Bakterien ist ein Prozeß, der aus mehreren hintereinander geschalteten Teilschritten besteht. An seinem Ablauf wirken zahlreiche zelluläre

---

[15] Inhibitoren (lat.) sind Stoffe, die chemische, biologische oder elektrochemische Vorgänge hemmen oder verhindern.

Bestandteile mit. Ganz allgemein läßt sich die Gesamtreaktion der Photosynthese

$$CO_2 + H_2O \xrightarrow{\text{Lichtenergie}} CH_2O + O_2$$

in zwei Teilschritte untergliedern:
Erstens in die *Lichtreaktion,* in der u. a. die Wassermoleküle durch die einfallenden Photonen gespalten werden:

$$2H_2O \rightarrow 4H^+ + O_2 + 4e.$$

Der Energieverbrauch dieser Reaktion beträgt 1.400 kJ.
Zweitens in die *Dunkelreaktion,* in der die Wasserstoffionen (Protonen) zur Zellulosebildung an das $CO_2$ angelagert werden:

$$H_2^+ + CO_2 \rightarrow CH_2O + O.$$

Ziel der Forschungs- und Entwicklungsarbeiten ist es nun, das Proton $H^+$ an der $CO_2$-Anlagerung zu hindern und als Wasserstoff abzuführen. Allerdings wird es sicher noch geraume Zeit dauern, bis auf dieser Grundlage technisch einsetzbare Verfahren zur Gewinnung von Wasserstoff zur Verfügung stehen werden.
Gleiches gilt auch für die Möglichkeit, lebende Organismen für die Wasserstofferzeugung in größerem Maßstab heranzuziehen. Entsprechende Arbeiten auf diesem Gebiet wurden und werden u. a. in Japan, den USA und der ehemaligen Sowjetunion (Rußland) schon seit nahezu zwei Jahrzehnten durchgeführt. Ein entscheidender Durchbruch konnte aber bisher auch hier noch nicht erzielt werden.

Für den praktischen Einsatz sind vorrangig Vertreter aus der Familie der Blaualgen vorgesehen, getestet wurde aber auch schon die Eignung von Purpurbakterien für diese Zwecke. Bereits seit geraumer Zeit ist bekannt, daß bei beiden Arten von Organismen als Stoffwechselprodukt auch Wasserstoff anfällt. Wie bei allen Pflanzen findet in den Zellen unter Lichteinwirkung eine Wasserspaltung statt. Allerdings wird nicht aller Wasserstoff in die Zellulose eingebaut, sondern er wird teilweise freigesetzt. Der theoretische Wirkungsgrad dieses Weges der biophotolytischen Gewinnung von Wasserstoff beträgt, ebenso wie bei den bereits erwähnten In-vitro-Systemen, etwa 14 %. Das heißt, maximal 14 % der auf die Organismen auftreffenden Lichtenergie können direkt in chemische Energie, konkret in Wasserstoff umgewandelt werden. Derzeit bekannte und im Labormaßstab erprobte Systeme bringen es allerdings nur auf einen Wirkungsgrad von deutlich < 1 %. Mittels genetischer Veränderungen und Schaffung optimaler Lebensbedingungen für die eingesetzten Organismen wird versucht, den Wirkungsgrad der zu entwikkelnden Verfahren in Richtung des theoretisch möglichen Wertes anzuheben. Noch weitgehend ungelöst ist das Problem der getrennten Abführung von Sauerstoff und Wasserstoff, da sich der als ein Stoffwechselprodukt anfallende Wasserstoff, aufgrund seiner bekannten hohen Reaktionsfreudigkeit, sehr rasch mit dem Luftsauerstoff oder dem von den Organismen gleichfalls abgegebenen Sauerstoff verbinden kann.

Schließlich sei noch kurz auf die Möglichkeit der indirekten Nutzung der Biophotolyse zur Erzeugung von Wasserstoff hingewiesen. Dabei nutzt man die als Produkt der Photosynthese grüner Pflanzen, Algen und anderer lichtnutzender Organismen entstehende Biomasse. Derzeit werden hierzu zwei unterschiedliche Verfahrensrichtungen verfolgt:

- Umsetzung verholzter und stark holzhaltiger Biomasse mittels Verfahren der Vergasung und Verschwelung zu einem wasserstoffhaltigen Gas. Die dafür verwendeten Technologien ähneln in starkem Maße denen in Abschn. 2.2.1 dargelegten, so daß hier auf deren Beschreibung verzichtet werden kann. Zum Einsatz gelangen dabei u. a. forstwirtschaftliche Abfälle wie Restholz, Rinde und Sägespäne. In einigen Ländern wird unter diesem Gesichtspunkt sogar der gezielte Anbau von schnellwachsenden Gehölzen in Betracht gezogen, die dann in den Vergasungs- und Schwelungsprozessen eingesetzt werden können. Und nicht zuletzt eignen sich dafür auch Abfälle und Reststoffe aus der Aufbereitung und Verarbeitung von landwirtschaftlichen Produkten. So wurde beispielsweise in Brasilien schon vor Jahren ein Verfahren zur Gewinnung eines technisch nutzbaren Gases aus Kokosnußschalen entwickelt.
- Umsetzung grüner Biomasse sowie wasserhaltiger organischer Abfallstoffe, vorrangig Gülle, auf dem Wege der anaeroben Fermentation, d. h. der Gärung unter Abwesenheit von Sauerstoff. Dabei entsteht ein brennbares Gas, das bis zu 70 % Methan enthält. Auf dem gleichen Prozeß beruht die Bildung von Deponiegas in Mülldeponien. In jüngster Zeit sind in zahlreichen Ländern Technologien zur Erfassung und Ableitung dieses Gases aus dem Deponiekörper entwickelt worden.

Nach entsprechender Gasreinigung und -trennung sowie der Methanspaltung kann aus dem auf den  beiden genannten Wegen gewonnen Gas Wasserstoff erzeugt werden. Allerdings erfolgt dies gegenwärtig nur in sehr geringem Umfang. Biogas und Deponiegas werden fast ausschließlich zur Bereitstellung von Wärmeenergie und in geringem Umfang auch von Elektroenergie eingesetzt. Das aus den Vergasung- und Verschwelungsverfahren von Biomasse gewonnene Synthesegas wird vorrangig für die gleichen Zwecke genutzt.

## 2.3    Thermokatalytische Spaltung von Schwefelwasserstoff

Ein besonders interessanter Weg der Wasserstofferzeugung soll zum Abschluß dieses Kapitels noch kurz vorgestellt werden. Bei diesem vor wenigen Jahren von einem süddeutschen Unternehmen entwickelten Verfahren wird als Ausgangsmaterial Schwefelwasserstoff verwendet. Es handelt sich dabei bekanntlich um einen gefährlichen toxischen Schadstoff, der u. a. bei bestimmten Verfahren der Kohleveredlung und bei der Entschwefelung von Erdgas in erheblichen Mengen anfällt. Eine bisher häufig angewendete Art zu seiner Beseitigung ist die Verbrennung nach dem Claus-Verfahren[16]. Da aber bei dieser exothermen Reaktion neben Wasserdampf und Schwefel auch Schwefelverbindungen anfallen, die ihrerseits wiederum als Luftschadstoffe anzusehen sind, galt und gilt dieser Weg als nicht besonders effektiv.

Eine völlig andere Möglichkeit der Schwefelwasserstoff-Entsorgung bietet nun das Verfahren seiner thermokatalytischen Spaltung. Es sieht vor, den Schwefelwasserstoff unter Zufuhr von Wärmeenergie

---

[16] Claus-Verfahren (nach K.E. Claus), Verfahren zur Gewinnung von Schwefel aus schwefelwasserstoffhaltigen Gasen durch Oxidation des Schwefelwasserstoffs an Katalysatoren (vor allem Bauxit) bei Temperaturen zwischen 300 und 350 °C in einem speziellen Ofen (Claus-Ofen).

und in Gegenwart eines metallischen Katalysators direkt in seine Bestandteile zu zerlegen:

$$H_2S \xrightarrow{\text{Wärmeenergie}} H_2 + S.$$

Die für diese Reaktion erforderliche Wärmeenergie mit einem Temperaturniveau von 800 bis 1.000 °C wird von einem Solarkonzentrator mit ortsfestem Brennpunkt, einem Fix-Fokus-Spiegel, bereitgestellt. Bei einer Fläche von 10 m² erzeugt dieser aus extrem leichten Foliensegmenten aufgebaute Spiegel eine Wärmeleistung von 4 kW. Das besondere an dieser Vorrichtung zur solarthermischen Nutzung der Sonnenenergie ist die Tatsache, daß nur der Spiegel selbst dem jeweils aktuellen Stand der Sonne nachgeführt werden muß. Der Hohlraumabsorber für die konzentrierte Sonnenstrahlung ist knapp über dem Erdboden montiert, und in ihm ist der Reaktor für den eigentlichen Prozeßablauf integriert. Durch diese konstruktive Gestaltung ist es nicht erforderlich, die heißen Rohrleitungen mit dem Wärmetransportmedium bzw. dem Einsatzgas und den Reaktionsprodukten zu bewegen, was einen kontinuierlichen Betrieb der Anlage zu gewährleisten hilft. Dem Reaktor nachgeschaltet ist eine Abscheidevorrichtung, in der die Reaktionsprodukte Schwefel und Wasserstoff von dem nicht zerlegten Schwefelwasserstoff abgetrennt werden. Letzterer wird anschließend wieder dem Prozeß zugeführt.

In einer Pilotanlage für dieses Verfahren werden bei Temperaturen um 900 °C etwa 20 % des eingesetzten Schwefelwasserstoffs aufgespalten. Die Kapazität beträgt vorerst nur 300 cm³ Schwefelwasserstoff/s, obwohl maximal 1.500 bis 1.800 cm³/s möglich wären. Die weiteren Forschungs- und Entwicklungsarbeiten konzentrieren sich daher auf die Vervollkommnung des Verfahrens, vor allem im Hinblick auf die Erhöhung des Schwefelwasserstoff-Durchsatzes.

# 3    Wasserstofftransport und -speicherung

Um Wasserstoff für die vorgesehene technische oder energetische Nutzung zu jeder beliebigen Zeit und an jedem beliebigen Ort in ausreichenden Mengen verfügbar zu haben, bedarf es neben den entsprechenden Erzeugungskapazitäten auch effektiver Transport- und Speichertechnologien. Bedingt durch den bereits recht umfangreichen Wasserstoffeinsatz, vor allem in der chemischen Industrie, sind einige dieser Technologien schon vorhanden und weisen einen hohen technischen Stand auf. An ihrer Vervollkommnung wird aber ebenso intensiv gearbeitet wie an der Entwicklung neuer Technologien.

## 3.1    Technische Möglichkeiten für den Wasserstofftransport und zur Wasserstoffspeicherung

Aufgrund seiner Eigenschaften kann Wasserstoff nach dem derzeitigen Erkenntnisstand gespeichert und transportiert werden

- mittels physikalischer Verfahren
    - als Druckgas,
    - in Mikroglaskugeln,
    - in flüssiger Form ($LH_2$),
- mittels chemischer Verfahren
    - in Form von Ammoniak,
    - durch Hydrierung organischer Stoffe, beispielsweise Toluol,

- durch die Reaktion von Alkali- und Erdalkalimetallen mit Wasser und Umkehrung dieser Reaktion,
- in Form von Metallhydriden.

In den nachfolgenden Abschnitten sollen einige der hier genannten Möglichkeiten etwas näher vorgestellt werden.

### 3.1.1  Speicherung und Transport von gasförmigem Wasserstoff

Fast ausschließlich auf bereits vorhandenen und bewährten Techniken basieren der Transport und die Speicherung von gasförmigem Wasserstoff. Wohl am bekanntesten ist der schon seit Jahrzehnten praktizierte Einsatz von Druckbehältern und Gasflaschen, wobei letztere noch heute die geläufigste Form für den Transport kleinerer Wasserstoffmengen sind. In beiden Fällen erfolgt die Speicherung des gasförmigen Wasserstoffs bei Drücken um 80 MPa, was Behälter mit beachtlichen Wandstärken und damit hohem Gewicht erforderlich macht. Im allgemeinen rechnet man damit, daß bei der Druckgasspeicherung von einem Kilogramm Wasserstoff eine Behältermasse von 70 bis 80 kg erreicht wird. Schon aus diesem Grunde sind die Druckgasspeicherung und der Transport von Wasserstoff in Druckgasbehältern für die großtechnische Anwendung und für die Überbrückung größerer Entfernungen nur bedingt geeignet. Derzeit werden nur etwa 1 % der jährlich erzeugten Wasserstoffmenge in Druckgasbehältern transportiert.

Wasserstoff läßt sich allerdings auch bei weitaus geringeren Drücken problemlos in Rohrleitungen transportieren. Dabei kommen im wesentlichen die beim Erdgastransport genutzten und erprobten

Techniken zum Einsatz. Der einzige Unterschied besteht darin, daß beim Wasserstoff für den Transport der gleichen Energiemenge Rohrleitungen mit einem größeren Durchmesser notwendig sind (Tab. 8). Ansonsten kann Wasserstoff mittels Rohrleitungen auch über sehr weite Strecken transportiert werden, und einige Projekte der künftigen Wasserstoffenergetik sehen eine Überbrückung von großen Entfernungen auf diesem Wege auch vor.

*Tabelle 8*  *Vergleich von Rohrleitungen für ausgewählte flüssige und gasförmige Energieträger mit einer Kapazität von 4.000 MW*

| Energieträger | Durchmesser (mm) | Druck (MPa) | Leistung |
|---|---|---|---|
| Erdöl | 400 | 5...6 | 360 t/h |
| Erdgas | 650 | 7 | 370.000 m³/h |
| Wasserstoff | 800 | 7 | 1.300.000 m³/h |

Ebenfalls Stand der Technik und in der Erdgasindustrie bereits umfassend angewendet sind die Untergrundspeicher (UGS) in Form von Kavernen- oder Porenspeichern (Abb. 10). Ihre Eignung für die Speicherung von Wasserstoff haben beide Techniken bereits im Routinebetrieb mit Stadtgas, das ja bekanntlich einen hohen Wasserstoffanteil aufweist, bestätigt. So hat die Gaz de France, das staatliche französische Gasversorgungsunternehmen, über mehr als 15 Jahre hinweg den UGS von Beynes mit Stadtgas betrieben, das einen Wasserstoffgehalt von mehr als 50 % aufwies. Zusätzliche Untersuchungen, die schon vor über drei Jahrzehnten abgeschlossen wurden, haben ergeben, daß der Speicher auch für den Betrieb mit reinem Wasserstoff geeignet ist. Allerdings gilt es zu berücksichtigen, daß sich wegen der geringeren Dichte des Wasserstoffs die Kapazität eines gegebenen Speichers nur auf ein Drittel der Erdgasspeicherkapazität belaufen würde.

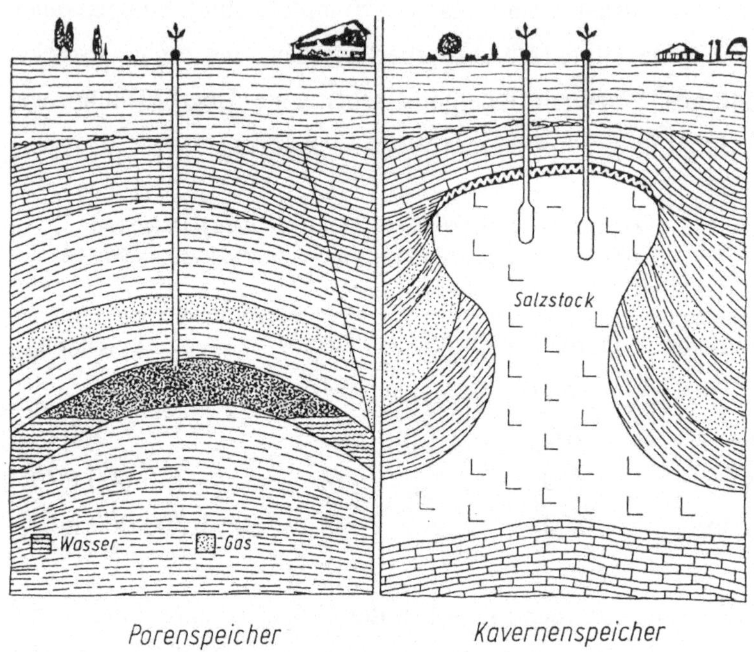


**Abb. 10** Möglichkeiten der Untergrundspeicherung von Gasen (schematische Darstellung)

Der gasförmige Wasserstoff wird per Rohrleitung zu dem UGS transportiert, in diesen hineingepumpt und dann bei Speicherdrücken von 16 MPa gelagert. Ähnlich wie das Stadt- oder Erdgas im Gasversorgungssystem, kann der Wasserstoff jederzeit zur Sicherung einer kontinuierlichen Versorgung wieder aus dem Speicher entnommen und in das entsprechende Netz eingespeist werden. Eine Speicherung in UGS sieht übrigens auch das HYSOLAR-Projekt vor (Abschn. 2.2.1). Im Falle der solaren Wasserstofferzeugung in

Nordafrika soll er in Zeiten geringerer Nachfrage in bereits ausgebeutete Erdgaslagerstätten gepumpt und dort bis zu seiner Abforderung gelagert werden.

Eine besonders interessante Möglichkeit zur Speicherung von gasförmigem Wasserstoff stellt das vom Brookhaven National Laboratory (USA) entwickelte Mikroglaskugel-Verfahren dar. Dabei wird die sehr starke Temperaturabhängigkeit der Wasserstoffdiffusion[17] durch einen Glaskörper genutzt. Zum Einsatz gelangen winzige hohle Glaskügelchen (Durchmesser 10 bis 100 μm; Wandstärken zwischen 1 und 10 μm). Diese werden bei Temperaturen um 400 °C einem hohen Wasserstoffdruck (40 bis 50 MPa) ausgesetzt. Bei dieser Behandlung diffundiert der Wasserstoff durch die Kugelwand und wird im Inneren der hohlen Mikrokugel unter einem Druck von 40 bis 50 MPa eingelagert. Nach der Abkühlung der Kügelchen auf 20 °C wird die Diffusionsgeschwindigkeit des Wasserstoffs durch die Glaswand so gering, daß im Inneren der Mikrokugeln ein Gasdruck von 20 MPa erhalten bleibt, auch wenn an der Außenwand Normaldruck herrscht. Auf diese Weise stellen die Mikroglaskugeln kleinste Hochdruckspeicher für gasförmigen Wasserstoff dar. Die Konzepte des Brookhaven National Laboratory sahen ursprünglich sogar die Möglichkeit vor, diese Kügelchen in Rohrleitungen über größere Entfernungen zu transportieren. Nach der Ankunft bei einem potentiellen Wasserstoffverbraucher sollten sie wieder erhitzt und der gespeicherte Wasserstoff auf diese Weise freigesetzt werden. Über eine technische Realisierung dieses Verfahrens liegen allerdings noch keine gesicherten Informationen vor.

---

[17] Diffusion - von selbst eintretende langsame Vermischung verschiedener aneinandergrenzender Stoffe. Sie beruht auf der Wärmebewegung der kleinsten Teilchen, die bestrebt sind, sich nach allen Seiten hin auszudehnen und sich gleichmäßig im Raum zu verteilen.

## 3.1.2  Chemisch gebundene Speicherung von Wasserstoff

Wasserstoff kann aus derzeitiger Sicht auf vier verschiedenen Wegen - chemisch gebunden - gespeichert werden. Und mit Ausnahme seiner Speicherung in Wasser, durch eine entsprechende Reaktion mit Alkali- und Erdalkalimetallen, die bisher technisch noch nicht realisiert werden konnte und auf die hier auch nicht weiter eingegangen werden soll, haben die jeweiligen Verfahren bereits einen hohen Entwicklungsstand erreicht.

Am bekanntesten davon ist die *Ammoniaksynthese,* bei der sich Wasserstoff und Stickstoff in einer exothermen Reaktion zu Ammoniak verbinden (Abschn. 1.3). Ammoniak kann in flüssiger Form, bei Raumtemperaturen und Drücken zwischen 0,8 und 0,9 MPa, in Stahlflaschen und -behältern transportiert werden und kommt derzeit fast ausschließlich in der chemischen Industrie zum Einsatz. Es spielt aber auch in einigen Konzepten zur Nutzung erneuerbarer Energiequellen als Speichermedium für elektrolytisch erzeugten Wasserstoff eine gewisse Rolle. So enthält beispielsweise das Projekt der USA zur Nutzung der Meereswärme über das OTEC-Verfahren eine Variante, nach der die auf schwimmenden Plattformen erzeugte Elektroenergie zur Wasserspaltung mittels fortgeschrittener alkalischer Elektrolyseverfahren eingesetzt werden soll. Der Abtransport des Wasserstoffs soll entweder als $LH_2$ oder, chemisch gebunden, als Ammoniak erfolgen. An Land - so das Projekt - könnte das Ammoniak entweder direkt in der chemischen Industrie eingesetzt oder zum Zwecke der Wasserstoffbereitstellung wieder zerlegt werden. Für diese Reaktion

$$2NH_3 \rightarrow 3H_2 + N_2$$

sind Temperaturen um 600 °C erforderlich. Aufgrund dieses hohen Bedarfs an Wärmeenergie und wegen der toxischen Eigenschaften von Ammoniak, die umfangreiche Sicherheitsvorkehrungen notwendig machen würden, geht man heute davon aus, daß Ammoniak als Speichermedium in einer künftigen Wasserstoffenergetik keine entscheidende Rolle spielen wird. Diese Aufgabe könnte, zumindest nach den bisherigen Tests und Versuchen, dem *Methylzyklohexan* zufallen. Dieser flüssige Kohlenwasserstoff läßt sich durch die *Hydrierung von Toluol* herstellen:

$$3H_2 + C_7H_8 \rightarrow C_7H_{14}.$$

Bei der Reaktion wird, in Abhängigkeit vom gewählten Betriebsdruck, Wärmeenergie im Temperaturbereich von $\geq$310 °C freigesetzt, die für die unterschiedlichsten Einsatzzwecke genutzt werden kann (Abschn. 3.2). Flüssiges Methylzyklohexan enthält 6 Masseprozent Wasserstoff, oder, anders ausgedrückt, die massebezogene Energiedichte liegt bei 60 kg Wasserstoff je Tonne Methylzyklohexan. Damit eignet es sich unter diesem Gesichtspunkt sehr gut als Speichermedium für Wasserstoff.

Für das Euro-Quebec-Projekt (Abschn 2.2.1), das die Bereitstellung von Elektroenergie aus kanadischen Wasserkraftwerken in Form von Wasserstoff für Mitteleuropa zum Inhalt hat, wird Methylzyklohexan als eine Variante für den effektiven Transport des Wasserstoffs in chemisch gebundener Form nach Europa angesehen. Dort angekommen, soll es auf dem Wege der Dehydrierung wieder zerlegt werden (Abschn. 3.2):

$$C_7H_{14} \rightarrow 3H_2 + C_7H_8,$$

wozu Temperaturen von $\geq 310\ °C$ erforderlich sind. Zu einem erheblichen Teil könnte diese Wärmeenergie aus der Abwärme stationärer wasserstoffverbrauchender energetischer Prozesse bereitgestellt werden.

Von besonderem Interesse ist die Möglichkeit, Wasserstoff, chemisch gebunden, in Form von Metallhydriden zu speichern. Dazu wird das Vermögen bestimmter Metalle und Metallgemische genutzt, atomaren Wasserstoff in unterschiedlichen Mengen zu absorbieren und chemisch zu binden. Bei dem dabei ablaufenden exothermen Prozeß

$$\text{Wasserstoff} + \text{Metall} \xleftrightarrow[\text{entladen}]{\text{laden}} \text{Hydrid} + \text{Wärme} \begin{cases} \nearrow \text{Abgabe} \\ \searrow \text{Zufuhr} \end{cases}$$

wird zunächst der molekulare Wasserstoff an der Oberfläche des meist pulverförmigen Metalls oder Metallgemisches in Wasserstoffatome dissoziiert, weshalb der physikalische und chemische Zustand dieser Oberfläche von ausschlaggebender Bedeutung für den gesamten Reaktionsverlauf ist. Anschließend diffundieren die Wasserstoffatome unter Druckeinwirkung in das Metall und werden dort an Zwischengitterplätzen eingebaut. Der für diesen als Beladung bezeichneten Vorgang erforderliche Beladungsdruck ist abhängig vom eingesetzten Metall oder Metallgemisch sowie vom Temperaturniveau, auf dem die Beladung stattfindet. Beide Parameter sind wichtige Kriterien für die Charakterisierung der unterschiedlichen Metallhydride. Zur Freisetzung des Wasserstoffs aus dem Hydrid muß die bei der Beladung abgegebene Wärmemenge mindestens auf dem gleichen Temperaturniveau wieder zugeführt werden. Ausgehend von der Höhe des für die Be- und Entladung erforderlichen Temperaturniveaus werden unterschieden:

*Tieftemperaturhydride* (TTH), beispielsweise $TiFeH_2$ und $CaNi_5H_6$

- die Be- und Entladung erfolgt in einem Temperaturbereich von 40 bis 80 °C, wobei eine Wasserstoffabgabe aus dem Hydrid auch noch bei Temperaturen von -30 °C erfolgt; in Extremfällen ist eine Wasserstoffabgabe sogar noch bei -80 °C möglich,
- der Beladedruck liegt mit 1 bis 5 MPa relativ hoch,
- der Abgabedruck des Wasserstoffs aus dem Speicher ist gering, so daß es bei einigen Einsatzfällen zu Problemen in der letzten Entladungsphase hinsichtlich der ausreichenden Wasserstoffbereitstellung kommt (Abschn. 4.4.1).

*Mitteltemperaturhydride* (MTH), beispielsweise $TiZrCrMnH_x$

- die Be- und Entladung erfolgt bei Temperaturen von $\geq$ 100 °C,
- der Beladedruck beträgt $\leq$ 0,5 MPa, gegebenenfalls sogar nur $\leq$ 0,1 MPa,
- die massebezogene Energiedichte von 2,5 Masseprozent gleicht der der TTH, allerdings sind die MTH stabiler als die TTH.

*Hochtemperaturhydride* (HTH), beispielsweise $MgH_2$ und $MgNiH_4$

- sie weisen besonders stabile Wasserstoff-Metall-Bindungsverhältnisse auf; daher sind bei Umgebungstemperaturen keine besonderen Sicherheitsvorkehrungen notwendig; eine Lagerung beladener HTH ist auch im Freien möglich,
- der Beladungsdruck liegt bei $\geq$ 0,1 MPa, die Be- und Entladung erfolgt bei Temperaturen $\geq$ 300 °C,
- HTH reagieren praktisch nur mit reinem Wasserstoff (99,999 %); Anteile von anderen Gasen führen rasch zu einer Passivierung der Metalloberflächen und damit zur Verhinderung der Hydridbildungsreaktion,
- die massebezogene Energiedichte ist mit bis zu 8 Masseprozent Wasserstoff relativ hoch.

In der Praxis werden die MTH fast immer zu den TTH gerechnet, und folglich wird dort nur zwischen diesen und den HTH unterschieden.

*Tabelle 9*    *Vergleich der Speicherkapazität ausgewählter Wasserstoffspeicherkonzepte*

| Speicherart | massebezogen (kg $H_2$/100 kg) | volumenbezogen (kg $H_2$/100 l) |
|---|---|---|
| Druckspeicherung | | |
| Stahlflasche | 1,4 | 1,4 |
| Stahlverbundbehälter | 8,2 | 1,4 |
| Flüssigspeicherung | | |
| $LH_2$-Behälter | 16,6 | 2,7 |
| Hydridspeicherung | | |
| FeTi-Hydrid | 1,2 | 2,4 |
| Mg-Hydrid | 2,7 | 2,4 |

Metallhydride können als Speicherelemente für Wasserstoff in stationären und mobilen Anlagen eingesetzt werden. Allerdings ist vor allem die letztgenannte Möglichkeit durch die hohe Masse und das beträchtliche Volumen, das diese Speicher aufweisen, ganz erheblich eingeschränkt (Tab. 9). Aus diesem Grunde liegen die Schwerpunkte der Forschungs- und Entwicklungsarbeiten auf dem Gebiet der Metallhydridspeicher insbesondere in der Erhöhung der masse- und volumenbezogenen Energiedichte sowie in der Verbesserung der Zyklenbeständigkeit des Speichermaterials. Weiterhin wird untersucht, wie die für den praktischen Einsatz unbedingt notwendige Materialbeständigkeit des gesamten Hydridspeichers für mehr als 2.000 Be- und Entladezyklen gewährleistet werden kann.

Über den Einsatz von Hydridspeichern in Fahrzeugen werden im Abschn. 4.4.1 einige Ausführungen gemacht. Vorgesehen und derzeit umfassend erforscht wird aber auch die Möglichkeit, Metallhydride für eine stationäre Speicherung von Wasserstoff in größeren Mengen sowie für andere Zwecke einzusetzen. Eine erste solche Anlage, mit einer Masse von mehr als $2 \times 10^3$ kg, wurde Mitte der 80er Jahre im Brookhaven National Laboratory (USA) im Rahmen der dort laufenden Forschungs- und Entwicklungsarbeiten zur energetischen Nutzung von Wasserstoff in Betrieb genommen. Wie die bisherigen Versuchsergebnisse zeigen, kann ein solcher stationärer Hydridspeicher neben seiner eigentlichen Aufgabe, der möglichst problemlosen Lagerung von Wasserstoff, auch noch für andere Zwecke verwendet werden. Einige davon werden nachstehend vorgestellt:

- *Einsatz zur Reinigung von Wasserstoff*
  Wie bereits kurz erwähnt, reichern sich die im Wasserstoff meist noch enthaltenen Fremdgasbestandteile an der Oberfläche des Hydridmaterials an, gehen aber mit diesem keine Verbindung ein. Wird der Wasserstoff aus dem Speicher entladen, verbleiben die Fremdgasbestandteile an der Oberfläche des Hydridmaterials. Die Folge davon ist eine Passivierung des Hydridmaterials, die im allgemeinen unerwünscht ist. Nutzt man aber dieses Prinzip bewußt aus, läßt sich mit ihm auf relativ einfachem Wege hochreiner Wasserstoff gewinnen (Tab. 10), der beispielsweise für die Kristallzüchtung und die Herstellung von optischen Glasfasern sowie für andere industrielle Zwecke benötigt wird. Denkbar ist aber auch ein zweistufiger Hydridspeicher, bei dem in der ersten Stufe, durch die Verwendung von TTH oder MTH, dem Wasserstoff die anhaftenden Fremdgasbestandteile entzogen werden.

Anschließend wird der auf diesem Wege gewonnene hochreine Wasserstoff in einem HTH gespeichert. Die bei der Wasserstoffreinigung aufgetretene Passivierung des TTH oder MTH läßt sich durch eine nachfolgende Wärmebehandlung wieder rückgängig machen, so daß ein neuer Reinigungsprozeß gestartet werden kann.

- *Einsatz als Wärmespeicher*

Dabei wird die Umkehrung der Hydridbildungsreaktion genutzt. Einem beladenen HTH, beispielsweise $TiH_2$ (massebezogene Wärmedichte 3 MJ/kg und Temperaturbereich rund 500 °C), wird bei relativ geringem Druck Wärmeenergie zugeführt, wodurch es zur Freisetzung des Wasserstoffs kommt. Gewissermaßen auf "kaltem" Wege kann nun diese Wärmeenergie in dem Metall bis zu einer erneuten Beladung mit Wasserstoff gespeichert werden. Wärmeverluste treten dabei nicht auf, und auf Isolationsmaßnahmen kann verzichtet werden. Eine Lagerung im Freien ist ohne Probleme möglich.

- *Einsatz als Wärmepumpe*

Dazu wird ebenfalls der soeben beschriebene Vorgang genutzt, wobei vor allem TTH zum Einsatz gelangen. Bei ihnen erfolgt, wie erwähnt, die Entladung des Wasserstoffs auf einem relativ niedrigen Temperaturniveau. In vielen Fällen kann zur Bereitstellung der erforderlichen Wärmeenergie Umgebungsluft oder die Abluft aus Niedertemperatur-Prozessen verwendet werden. Erfolgt nun die spätere Beladung des Hydridspeichers mit einem höheren Druck als die Entladung, so wird auch die gespeicherte Wärmeenergie auf einem höheren Temperaturniveau abgegeben, als es bei der Entladung aufgewendet wurde. Auf diese Weise läßt sich geringwertige Wärmeenergie effektiver nutzbar machen.

Dieses Prinzip ist u. a. für die Klimatisierung von Fahrzeuginnenräumen vorgesehen (Abschn. 4.4.1).

*Tabelle 10      Wasserstoffreinigung in Metallhydriden*

|  | Fremdgasanalyse in vpm [1] | | | |
| --- | --- | --- | --- | --- |
|  | $O_2$ | $CO_2$ | $H_2O$ | $N_2$ |
| Vor der Hydridbehandlung | 10 | 0,5 | 10 | 70 |
| Nach der Hydridbehandlung | $\leq 0,2$ | $\leq 0,2$ | $\leq 0,8$ | $\leq 1$ |

[1] vpm = volumen parts per million

Wie alle anderen Möglichkeiten der chemischen Speicherung von Wasserstoff auch, werden Metallhydridspeicher vorerst überwiegend in Versuchsanlagen eingesetzt, um so die einzelnen Systemkomponenten und deren Zusammenspiel testen zu können. Unabhängig von den Fragen der Wasserstoffverfügbarkeit sind bis zu einer umfassenden praktischen Nutzung noch zahlreiche technische Probleme zu lösen, von denen einige hier bereits angedeutet wurden.

## 3.1.3   Eiskalt und flüssig

Die Technologien zur Herstellung und Speicherung sowie zum Transport von $LH_2$ haben, ähnlich wie die Verfahren zur Handhabung von gasförmigem Wasserstoff, bereits einen beachtlichen Entwicklungsstand erreicht und werden in größerem Umfang in der täglichen Praxis genutzt. Industrielle Großanlagen zur Verflüssigung von Wasserstoff wurden allerdings erst in den 50er und 60er Jahren, also mehr als fünf Jahrzehnte nach der Schaffung dieser Möglichkeit durch Sir James Dewar, im Zusammenhang mit der Forcierung der Raumfahrtprojekte und dem dadurch gestiegenen Bedarf an $LH_2$ errichtet. In den USA waren es zunächst fünf Großanlagen mit Kapazitäten zwischen 15.000 und 35.000 l $LH_2$/h, die für diese Zwecke in Betrieb genommen wurden. In den Folgejahren baute man dann u. a. in den USA, in der ehemaligen Sowjetunion, in Japan und verschiedenen europäischen Staaten auch kleinere Wasserstoffverflüssigungsanlagen mit Kapazitäten von 2.000 und 8.000 l $LH_2$/h, die den $LH_2$-Bedarf der chemischen Industrie, der Metallurgie und der Betriebe zur Herstellung mikroelektronischer Bauelemente decken.

Die Verflüssigung des Wasserstoffs erfolgt, nachdem er in einer Vorstufe von Fremdgasbestandteilen (Kohlendioxid, Kohlenmonoxid, Methan und Wasserdampf) gereinigt wurde, in einem Wasserstoff-Kältekreislauf. Bei ihm wird der erforderliche Kältebedarf durch die Kompression in Verdichtern mit nachfolgender Entspannung in Turbinen bereitgestellt. In den meisten Fällen wird zusätzlich flüssiger Stickstoff zur Vorkühlung eingesetzt, und spezielle Katalysatoren dienen der Beschleunigung des Prozesses. An dessen Ende liegt tiefkalter $LH_2$ mit einer Temperatur von -253 °C vor. Er wird nahezu drucklos in großen Spezialtanks zwischengelagert.

Der gesamte, über mehrere Stufen ablaufende Verflüssigungsprozeß ist sehr energieaufwendig. Bei den bereits erwähnten Großanlagen in den USA betrug der spezifische Energieaufwand 700 bis 800 Wh/l $LH_2$. Bei kleineren Anlagen liegt er noch darüber. Wenn dennoch weltweit der $LH_2$-Speicherung ein deutlicher Vorrang gegenüber der Druckgasspeicherung gegeben wird, dann vor allem wegen des mit $LH_2$ erreichbaren günstigeren Speichernutzungsverhältnisses (Tab. 9). Positiv in dieser Hinsicht wirkt sich auch die sehr geringe Dichte von $LH_2$ (70g/l) aus.

Für die Zwischenlagerung beim Hersteller und zur Vorratslagerung beim Verbraucher eignen sich am besten Kugelbehälter mit entsprechender Isolierung. Bekanntlich weist die Kugel, bei einem gegebenen Volumen, die geringste Oberfläche und damit auch die geringste Wärmeaustauschfläche gegenüber allen anderen möglichen Behälterformen auf. Kugelbehälter für $LH_2$ haben beim heutigen Stand der Technik nur eine Abdampfrate von 1,5 bis 2 %, d. h., pro Tag gehen lediglich 1,5 bis 2 % des $LH_2$ in die Gasphase über und müssen durch entsprechende Sicherheitsventile abgeführt werden. Die beiden derzeit größten $LH_2$-Lagertanks der Welt stehen im Raumfahrtzentrum Cap Canaveral (USA). Es handelt sich um isolierte Kugelbehälter, in denen jeweils 3,2 Mill. l $LH_2$ bei einem maximalen Betriebsdruck von 0,62 Mpa gelagert werden. Der $LH_2$ ist für die Raumfahrtprojekte der amerikanischen Weltraumbehörde NASA vorgesehen.

$LH_2$ läßt sich in derartigen schaumstoffisolierten Behältern auch über große Entfernungen transportieren. Weltweit gibt es dazu bereits eine Vielzahl spezieller Tankfahrzeuge für Schiene und Straße. Und nicht zuletzt häufen sich in jüngster Zeit Pläne zum Bau isolierter $LH_2$-Pipelines. Sie sind zunächst für kürzere Strecken vorgesehen, später sollen sie aber durchaus auch größere Entfernungen überbrücken. Erste Vergleichsuntersuchungen über einen längeren Zeitraum hinweg haben gezeigt, daß derartige Rohrleitungen ohne weiteres mit den herkömmlichen $LH_2$-Transporttechnologien konkurrieren können.

Für den Seetransport von $LH_2$ sind für die Zukunft Spezialtanker vorgesehen, an deren Entwicklung, aufbauend auf den bereits mit LNG-Tankern[18] erzielten Erfahrungen, gegenwärtig gearbeitet wird. Als

---

[18] LNG - liquified natural gas (verflüssigtes Erdgas ).

ein wesentlicher Vorteil erweist es sich dabei, daß die großvolumigen Kryogenbehälter[19] für $LH_2$ sowohl technisch als auch wirtschaftlich ohne größere Schwierigkeiten in die Schiffshüllen eingebaut werden können. In fernerer Zukunft ist sogar daran gedacht, den beim Abdampfvorgang in den Tanks freigesetzten gasförmigen Wasserstoff direkt als Energieträger für den Schiffsantrieb zu nutzen. Allerdings werden $LH_2$-Tanker sicher auch in absehbarer Zukunft nur in Ausnahmefällen eingesetzt werden. Die Möglichkeiten, den Wasserstoff chemisch gebunden in herkömmlichen Tankschiffen transportieren zu können, wie sie beispielsweise bei der Verwendung von Methylzyklohexan oder Ammoniak gegeben sind (Abschn. 3.1.2), erscheinen nach ersten Untersuchungen im Rahmen des "Euro-Quebec-Projektes" unter wirtschaftlichen Gesichtspunkte wesentlicher günstiger. Die energetische Effektivität wird weitestgehend davon bestimmt, in welchem Umfang die bei der Wasserstoffnutzung anfallende Abwärme zur Spaltung des Methylzyklohexan eingesetzt wird (Abschn. 3.2). In Betracht zu ziehen sind allerdings noch ökologische Gesichtspunkte. Sowohl Ammoniak als auch Toluol, der Ausgangsstoff für eine geplante Produktion von Methylzyklohexan, sind toxische Stoffe. Bei nicht generell auszuschließenden Tankerunglücken könnten diese freigesetzt werden und möglicherweise zu einer Verschmutzung ausgedehnter Meeresgebiete führen.

Das eben Gesagte gilt analog auch für den Landtransport von $LH_2$. Wegen der erheblichen technischen Aufwendungen schneidet er allerdings ungünstiger ab, gemessen an anderen Wasserstofftransporttechnologien. Aber auch hier müssen bei einer denkbaren Bevorzugung des Wasserstofftransportes in chemisch gebundener Form die damit verbundenen ökologischen Risiken zuvor umfassend abgeklärt werden.

---

[19] kryogen; griech. "durch Eis entstanden".

## 3.2 Importierte Sonnenstrahlung

Die in Abschn. 2.2.1 aufgezeigten Möglichkeiten einer nichtfossilen und nichtnuklearen Erzeugung von Wasserstoff in besonders sonnenreichen Gebieten unseres Erdballs könnten, zumindest nach den Vorstellungen einiger Wissenschaftler und Techniker, in absehbarer Zeit dazu führen, daß die in Form von Wasserstoff gespeicherte Sonnenenergie zu einem Handelsgut auf den internationalen Warenmärkten wird. Dabei würden die Industrieländer das Know-How und einen beträchtlichen Teil der erforderlichen Ausrüstungen für die solare Wasserstofferzeugung liefern. Die besonders sonnenreichen Entwicklungsländer stellen das benötigte Territorium und einen Teil der Arbeitskräfte zur Verfügung. Der erzeugte Wasserstoff könnte über interkontinentale Transportverbindungen, vorrangig Rohrleitungen und Tankschiffe, in die Industrieländer gebracht und dort den vielfältigen Möglichkeiten einer energetischen Nutzung zugeführt werden ( Kap. 4). Der Vollständigkeit halber sei erwähnt, daß auch die Variante im Gespräch ist, künftig auf eine Elektrolyse des Wassers zu verzichten und den Solarstrom über Hochspannungsgleichstromleitungen in die europäischen Verbraucherzentren zu bringen. Für die Überbrückung von Ozeanen ist dieses Verfahren aber nicht geeignet.
Soweit in wenigen Worten das technische Konzept als eine Seite des gigantischen Projektes. Denn daß bei einem solchen Vorhaben auch politische und soziale Aspekte zu berücksichtigen sind, die in ihrem vollen Umfang derzeit noch gar nicht übersehen werden können, leugnen selbst seine aktivsten Verfechter nicht. Auch sie gehen davon aus, daß es den derzeit ohnehin schon sehr heftigen Diskussionen über das Nord-Süd-Gefälle neue Nahrung geben würde, zumal die Vorstellungen zwangsläufig auch beinhalten, daß dem Strom des solaren Was-

serstoffs bzw. der Elektroenergie von Süd nach Nord ein solcher der Industrie- und Kosumgüter von Nord nach Süd begegnet. Ausgelöst würde letzterer durch die Einnahmen aus dem Export der "vergegenständlichten" Sonnenstrahlung, die in den beteiligten Entwicklungsländern einen zahlungskräftigen Markt schaffen könnten, den es zu nutzen gilt. Schon heute spricht man aber auch von einer dann möglichen "solaren" OPEC[20], die weitaus mehr Mitglieder haben könnte als ihr fossiles Vorbild. Sie könnte beispielsweise bei den Preisfestlegungen für den solaren Wasserstoff oder dessen mengenmäßiger Exportlimitierung, vor allem für bestimmte Staaten und unter bestimmten Voraussetzungen, eine gewichtige Rolle spielen. Mit entsprechenden Versuchen zu politischen und wirtschaftlichen Sanktionen seitens der betroffenen Abnehmerländer wäre dann zu rechnen. Politischer Zündstoff würde angehäuft werden.

Obwohl ein solches Konzept in seiner möglichen technischen Realisierung auf den ersten Blick nahezu utopisch wirkt, gibt es dennoch bereits erste konkrete Ansätze für seine Umsetzung. Dies ist zum einen die in Abschn. 2.2.1 beschriebene Erprobung von Anlagen zur solaren Wasserstofferzeugung im Rahmen des HYSOLAR-Projektes in Saudi-Arabien, auf die hier nicht nochmals eingegangen werden soll, und zum anderen arbeiten Wissenschaftler und Techniker in Europa intensiv an möglichen Transporttechnologien für Wasserstoff aus überseeischen Quellen. Anlaß dafür ist das vorliegende Angebot des kanadischen Energieversorgungsunternehmens Hydro Quebec, kurz nach der Jahrtausendwende Elektroenergie aus den großen Wasserkraftwerken Ostkanadas an die Länder der EG und an andere europäische Staaten

---

[20] OPEC - Organization of Petroleum Exporting Countries. Im September 1960 in Bagdad zur Durchsetzung der Interessen erdölexportierender Länder gegründete Organisation. Sie legt in bestimmten Abständen Förderquoten und Exportpreise für das Erdöl fest.

liefern zu wollen. Gedacht ist dabei an ein Leistungsäquivalent von nicht weniger als 25.000 bis 30.000 MW. Da dies nach dem derzeitigen Stand der Technik nur auf indirektem Wege erfolgen kann, also unter Einschaltung eines Speichermediums, soll die Elektroenergie zunächst über eine Höchstspannungsleitung zur Hafenstadt Sept-Isle an der Mündung des St. Lorenzstromes gebracht und dort in modernen Elektrolyseanlagen zur Wasserstofferzeugung eingesetzt werden. Ein Schwerpunkt der derzeitigen Forschungs- und Entwicklungsarbeiten im Rahmen des "Euro-Quebec-Projektes" ist die Klärung der Frage, in welcher Form der Wasserstoff am effektivsten nach Europa transportiert werden kann. Als eine aussichtsreiche Variante unter technischen und wirtschaftlichen Gesichtspunkten erweist sich dabei dessen chemische Bindung an Toluol, einen Kohlenwasserstoff (Abschn. 3.1.2). Eine bereits 1987 vorgelegte Studie ergab, daß bei dem auf diesem Wege erzeugten Methylzyklohexan der Wirkungsgrad der gesamten Umwandlungs- und Transportkette bei etwa 62 % liegen würde. Die Werte für den möglichen Tankertransport als $LH_2$ oder Ammoniak sind mit 45 bzw. 58 %  nicht so günstig. Der höhere Wirkungsgrad beim Einsatz von Methylzyklohexan gilt aber nur unter der Voraussetzung, daß die für seine Spaltung in Toluol und Wasserstoff erforderliche Wärmeenergie am Einsatzort aus der Abwärme von Wasserstoffanwendungstechniken bereitgestellt wird.

Die praktische Realisierbarkeit dieses Vorhabens soll zum Ende der 90er Jahre in einer Größenordnung von 100 MW getestet werden. Diese elektrische Leistung, bezogen auf die für Wasserkraftwerke übliche Benutzungsstundenzahl, würde einer Menge von 170 Mill. m³ Wasserstoff entsprechen. Wird diese zur Hydrierung von Toluol eingesetzt, erhält man rund 245.000 t Methylzyklohexan. Die bei der Reaktion des Toluols mit Wasserstoff freigesetzte Wärmeenergie

(Abschn. 3.1.2) kann in Anlagen der fortgeschrittenen Wasserelektrolyse oder in anderen industriellen Prozessen eingesetzt werden. Auch eine Nutzung als Heizwärme wäre denkbar.

Der Hafen von Sept-Isle ist üblicherweise ganzjährig eisfrei und eignet sich daher besonders für die notwendige kontinuierliche Verschiffung des chemisch gebundenen oder flüssigen Wasserstoffs. Für die erstgenannte Möglichkeit sollen entsprechend der derzeit vorliegenden Projektstudie herkömmliche 20.000-t-Erdöltanker zum Einsatz gelangen, die das flüssige Methylzyklohexan nach Europa bringen. Als Empfangshafen ist zunächst Hamburg vorgesehen. Von dort wird es an die potentiellen Wasserstoffnutzer verteilt und bei diesen unter Wärmezufuhr wieder aufgespalten. Die dazu auf einem Temperaturniveau von $\geq 310\ °C$ erforderliche Wärmeenergie könnte zu einem erheblichen Teil aus der Abwärme stationärer Wasserstoffanwendungstechniken bereitgestellt werden. Wie bereits erwähnt, würde nur auf diese Weise der energetische Vorteil, den der Einsatz von Methylzyklohexan bietet, gesichert. Denkbar ist aber auch eine zentrale Dehydrierungsanlage. Der freigesetzte Wasserstoff wird dann einer energetischen Nutzung zugeführt. Das bei dem Dehydrierungsprozeß zurückgewonnene Toluol nehmen die Tankschiffe auf ihrer Rückreise wieder nach Kanada mit, wo es für eine erneute chemische Bindung von Wasserstoff eingesetzt werden kann (Abb. 11). Eine solche Rundreise der Tanker mit Methylzyklohexan bzw. Toluol an Bord soll etwa 20 Tage dauern.

Im Rahmen des Projektes werden aber auch die Möglichkeiten eines direkten energetischen Einsatzes von Methylzyklohexan, vorrangig im Verkehrswesen, untersucht. Hierzu bedarf es allerdings noch grundlegender Versuche und Tests. Daher ist in der ersten Realisierungsphase des "Euro-Quebec-Projektes" für die parallel zur optimalen Transporttechnologie zu entwickelnden Anwendungstechniken des Wasserstoffs ausschließlich die Nutzung von reinem Wasserstoff vorgesehen. In die gleiche Richtung zielen die ebenfalls laufenden Untersuchungen, die gesamte Transport- und Einsatzkette auf der Basis von $LH_2$ anstelle von Methylzyklohexan zu gestalten.

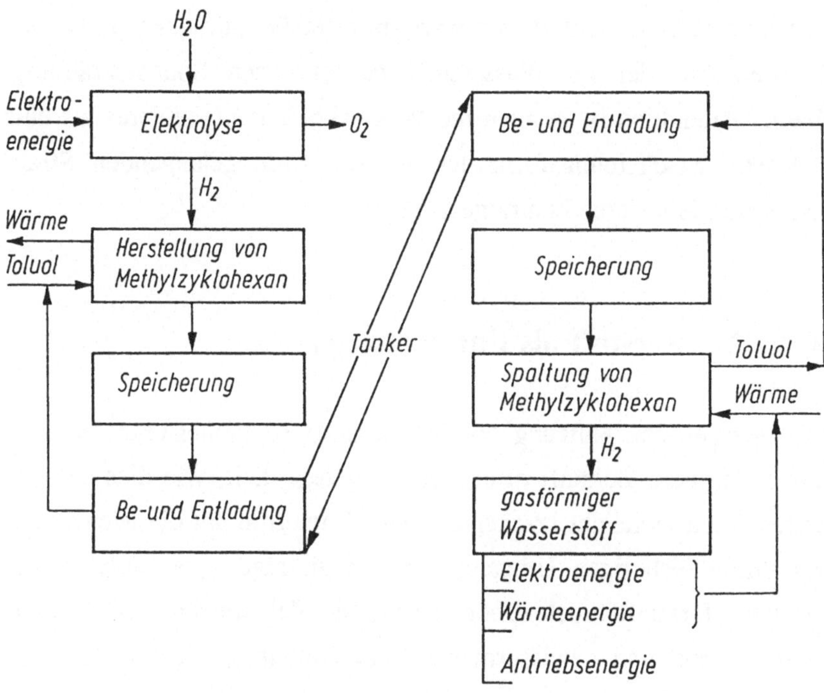


Abb. 11 Schema des Euro-Quebec-Projektes auf der Basis von Methylzyklohexan

Alle derzeitigen Arbeiten am "Euro-Quebec-Projekt" haben lediglich den Charakter von Studien und Grundsatzuntersuchungen zum Nachweis der generellen Machbarkeit der angestrebten Lösungen. Daher ist es noch unklar, ob die entsprechenden Vorhaben zur Jahrhundertwende auch tatsächlich in die Praxis umgesetzt werden können. Fraglich ist auch, wann aus dem angestrebten Startvorhaben

mit seiner eher bescheidenen Leistung von 100 MW in das eigentliche Projekt mit seinen Leistungen von mehreren zehntausend MW
übergegangen werden kann. Sollte dies wirklich eintreten, so würden
davon auf jeden Fall auch die Aktivitäten zur Bereitstellung und
Nutzung von solarem Wasserstoff aus dem Sonnengürtel der Erde
profitieren. Und nicht zuletzt wäre dies der Beginn eines weltweiten
Handels mit der im Wasserstoff gespeicherten Sonnenstrahlung.
Denn letztendlich ist ja auch die Wasserkraft nichts anderes als eine
indirekte Erscheinungsform der auf die Erde gelangenden Strah-
lungsenergie unseres Zentralgestirns.

# 4    Wasserstoff als Energieträger

Die energetische Nutzung von Wasserstoff ist keineswegs eine nur
auf die fernere Zukunft orientierte Angelegenheit, wie dies auf den
ersten Blick vielleicht erscheinen mag. Immerhin hat die Menschheit
bei ihrem bisherigen Umgang mit Energieträgern der unterschiedlichsten Herkunft, auch schon über lange Zeit hinweg den Wasserstoff indirekt und gewissermaßen unbewußt in großen Mengen für
energetische Zwecke eingesetzt.

Unbewußt, aber dennoch äußerst zielstrebig, nutzte der Mensch im
Verlaufe der Geschichte Energieträger mit einem ständig steigenden
Wasserstoffgehalt. War es beim trockenen Holz - über Jahrtausende
hinweg der dominierende Energieträger - noch ein Verhältnis von
Wasserstoff zu Kohlenstoff von etwa 1:10, so liegt dieses Verhältnis
bei der Kohle, die als Energieträger seit ungefähr 150 Jahren
umfassend genutzt wird, je nach verwendeter Qualität schon deutlich
darüber. Seit der Verwendung von flüssigen und gasförmigen Koh-

lenwasserstoffen verschiebt sich diese Relation ganz eindeutig zugunsten des Wasserstoffs: bei Erdöl beträgt das Verhältnis von Wasserstoff zu Kohlenstoff 2:1, bei Erdgas bereits 4:1.

Schon vor der Verfügbarkeit des reinen Wasserstoffs in großen Mengen konnte und kann die Menschheit somit Erfahrungen im Umgang und in der Nutzung von Energieträgern sammeln, die einen hohen Wasserstoffgehalt aufweisen, und sich so technisch und technologisch auf den Einstieg in die Wasserstoffenergetik vorbereiten. Das gilt in besonderem Maße auch für die seit fast 200 Jahren erfolgte Erzeugung synthetischer Gase mit hohem Wasserstoffgehalt (Leucht- und Wassergas) aus Kohle. Erdgas und Synthesegas erweisen sich daher als eine Art Vorläufer für eine künftige Wasserstoffenergetik. Technologien, die für die Nutzung dieser beiden gasförmigen Energieträger bereits existieren oder an deren Entwicklung noch gearbeitet wird, können nach geringfügigen Modifikationen oder ganz ohne irgendwelche technische Veränderungen problemlos auch für Wasserstoff eingesetzt werden. Häufig ist sogar zu beobachten, daß neuartige Technologien zur energetischen Nutzung von Erd- und Synthesegas ganz gezielt auch unter dem Gesichtspunkt ihrer späteren Eignung für den Wasserstoff als Energieträger konzipiert und entwickelt werden. In einigen Fällen ist der Einsatz von Erd- oder Synthesegasen sogar nur eine Zwischenstufe des eigentlichen Entwicklungszieles.

Unter diesem Gesichtspunkt ist es also kaum verwunderlich, wenn zu einem Zeitpunkt, zu dem der Wasserstoff noch nicht in ausreichenden Mengen und zu wirtschaftlich vertretbaren Bedingungen zur Verfügung steht, die grundlegenden Technologien für seine energetische Nutzung bereits vorhanden und zu einem großen Teil auch schon praktisch erprobt sind. Beeindruckend ist dabei auch die bereits erreichte Vielfalt der Verwendungsmöglichkeiten für den Wasserstoff als

Energieträger in den unterschiedlichsten Bereichen der Wirtschaft. Auf einige von ihnen wird in den nachfolgenden Abschnitten etwas näher eingegangen, wobei unter der energetischen Nutzung von Wasserstoff ausschließlich Verfahren zur Bereitstellung von

- Wärmeenergie,
- Elektroenergie,
- Antriebsenergie

verstanden werden. Der Einsatz von Wasserstoff in der chemischen Industrie, in der Petrochemie sowie in anderen industriellen Bereichen bleibt mit Absicht unberücksichtigt. Auch wenn er dort der Herstellung von Energieträgern bei Verfahren der Erdölverarbeitung, der hydrierenden Kohlevergasung oder der Kohleverflüssigung sowie der Bereitstellung von Prozeßwärme in den jeweiligen Verfahren dient. Gleichfalls nicht behandelt wird die energetische Nutzung von Wasserstoff als Treibstoffkomponente in der Raumfahrt und in der militärischen Raketentechnik. Dazu enthält Kap. 1 einige Ausführungen.

## 4.1    Wasserstoff in Kraft- und Heizwerken

Ausgehend vom Funktionsprinzip eines Raketentriebwerkes auf der Grundlage von $LH_2$ und $LO_2$ wurde bereits Anfang der 80er Jahre von der Deutschen Forschungsanstalt für Luft- und Raumfahrt (DLR) die Experimentalversion eines Wasserstoff-Sauerstoff-Dampferzeugers mit einer thermischen Leistung von 40 MW entwickelt (Abb. 12).

Das Aggregat hat eine Baulänge von 200 cm sowie einen Außendurchmesser von 40 cm und besteht aus den drei Komponenten:

* Einblaskopf mit integrierter Zündkammer,
* Brennerraum,
* Verdampferraum.

Abb. 12 Experimentalversion des Wasserstoff-Sauerstoff-Dampferzeugers

Seine Arbeitsweise ist vergleichsweise einfach. Durch den Einblaskopf werden Wasserstoff und Sauerstoff gleichmäßig verteilt in den Brennerraum eingebracht. Mit Hilfe einer in der zentral eingebauten Zündkammer erzeugten Zündflamme wird das Wasserstoff-Sauerstoff-Gemisch gezündet (Abb. 13).

Bei der daraufhin ablaufenden Reaktion des Wasserstoffs mit dem Sauerstoff entsteht ein Verbrennungsgas (Wasserdampf) mit Temperaturen von mehr als 3.000 °C. Dieses kann durch die Zumischung von Wasser, mit dem zuvor die Wände des Brennerraumes gekühlt wurden und das sich dabei erwärmt hat, stufenweise auf die benötigte Dampftemperatur abgekühlt werden. Dazu wird das Wasser über mehrere radial angeordnete Injektionsringe in den Brennerraum eingespritzt. Der sich bei diesem Vorgang im Verdampferraum bildende Dampf kann direkt einem nachgeschalteten Verbraucher, beispielsweise der Turbine eines herkömmlichen Kraftwerkes, zugeführt werden. Die Dampftemperatur läßt sich über das Massenstromverhältnis von eingespritztem Wasser zu Brenngas im Bereich von 200 bis 2.000 °C beliebig festlegen. Die herausragende Eigenschaft des Wasserstoff-Sauerstoff-Dampferzeugers ist seine kurze Anfahrzeit. In weniger als einer Sekunde nach seiner Inbetriebnahme ist bereits die volle Leistung verfügbar.

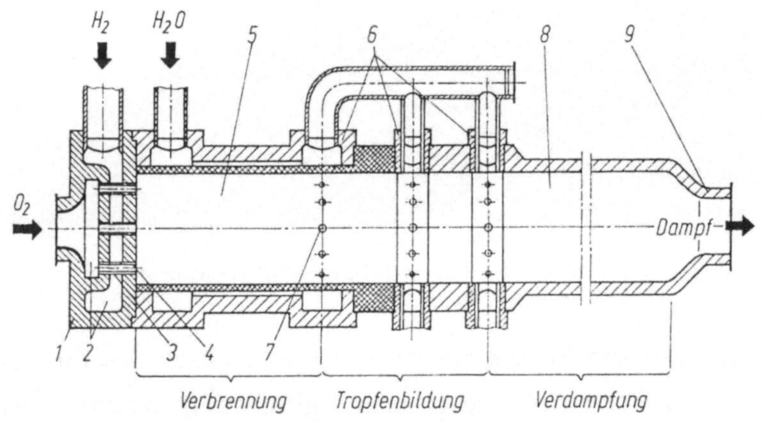


*1-4 Injektoren für Wasserstoff und Sauerstoff; 5 Brennerraum; 6,7 Injektorringe für Wassereinspritzung; 8 Verdampferraum; 9 Düse*
Abb. 13 Prinzipaufbau eines Wasserstoff-Sauerstoff-Dampferzeugers (Querschnitt)

Gegenwärtig ist ein solcher Wasserstoff-Sauerstoff-Dampferzeuger aus wirtschaftlichen Gründen nur in Ausnahmefällen einsetzbar. Er wird daher ausschließlich für den Versuchs- und Demonstrationsbetrieb genutzt. Die Ursachen dafür liegen in den hohen Bereitstellungskosten für den Wasserstoff auf der Grundlage der derzeitigen

Erzeugungstechnologien. Für eine zukünftige Nutzung des Wasserstoff-Sauerstoff-Dampferzeugers ergeben sich eine ganze Reihe interessanter Anwendungsmöglichkeiten, von denen hier zwei etwas näher beleuchtet werden sollen.

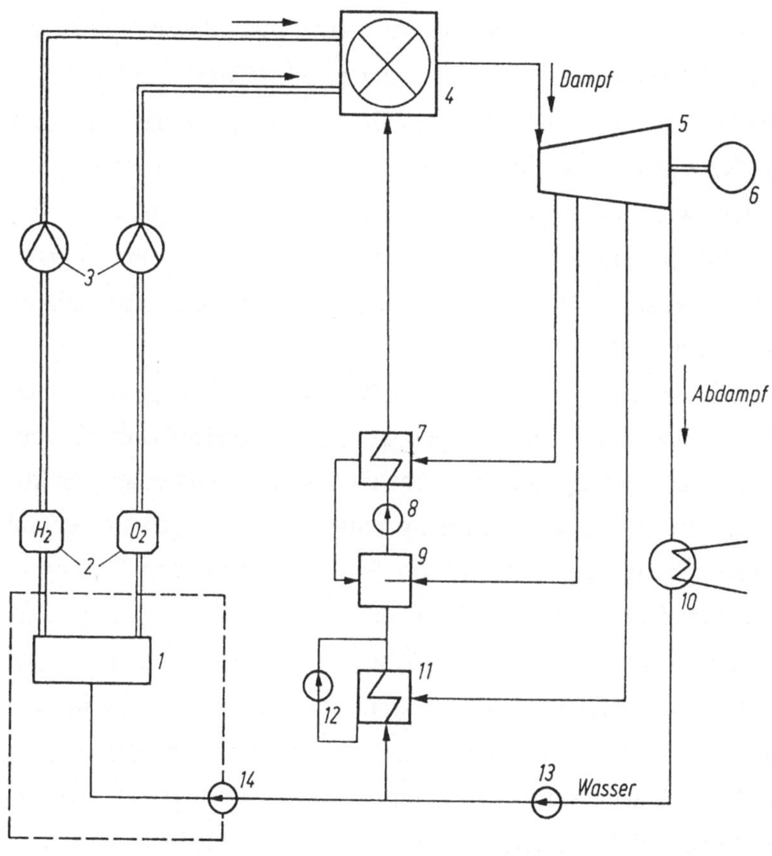


1 Elektrolyseanlage; 2 Speichertanks; 3 Verdichter; 4 H2/O2-Dampferzeuger; 5 Turbine; 6 Generator; 7 HD-Vorwärmer; 8 Speisewasserpumpe; 9 Entgaser; 10 Kondensator;11 ND-Vorwärmer;12 Nebenkondensatpumpe;13 Hauptkondensatpumpe, 14 Elektrolysekondensatpumpe

Abb. 14 Schaltbild eines Wasserstoff-Sauerstoff-Spitzenlastkraftwerkes

So kann er als Momentanreserveanlage in fossilgefeuerten Mittellastkraftwerken zur kurzzeitigen Leistungserhöhung eingebunden werden. In diesem Fall wird das Aggregat in einem solchen Kraftwerk zusätzlich zur herkömmlichen Kesselanlage installiert und liefert bei seinem Betrieb Dampf auf den Mitteldruckteil der vorhandenen Turbine. Möglich ist aber auch der Betrieb eines gesonderten Wasserstoff-Sauerstoff-Spitzenlastkraftwerkes (Abb. 14). Es wird nur in Zeiten des erhöhten Elektroenergiebedarfs zusätzlich an das Netz geschaltet. Sein Betrieb ist immer dann besonders wirtschaftlich, wenn der eingesetzte Wasserstoff zuvor in lastschwachen Zeiten mit der überschüssigen Elektroenergie aus Grundlastkraftwerken erzeugt wurde oder aus anderen, beispielsweise solaren Quellen stammt.

Alle diese Konzepte, auch die mögliche Bereitstellung von Heizwärme auf der Grundlage eines Wasserstoff-Sauerstoff-Dampferzeugers, sind gegenwärtig noch ein erhebliches Stück von einem praktischen Einsatz in größerem Umfang entfernt. Das liegt weniger am Entwicklungsstand der jeweils zum Einsatz kommenden Technologie, sondern fast ausschließlich an der noch nicht gesicherten Verfügbarkeit ausreichend großer Wasserstoffmengen. Gleiches gilt auch für die Möglichkeit, Wasserstoff anstelle von Erdgas in herkömmlichen Gasturbinen-Kraftwerken zur Elektroenergieerzeugung einzusetzen. Dabei wäre vor allem der sehr geringe Schadstoffausstoß einer solchen Energieumwandlungsanlage als Vorteil zu verbuchen. Die erste Wasserstoff-Gasturbine der Welt ist seit 1988 in Philadelphia (USA) in Betrieb. Sie hat eine elektrische Leistung von 50 MW und nutzt die Abgase einer Erdölraffinerie, die ca. 80 % Wasserstoff enthalten. Ebenfalls vorgesehen ist die Verwendung von Gasmotoren für die kombinierte Elektroenergie- und Wärmebereitstellung auf der Basis von Wasserstoff. Derartige Motoren wurden für Erd- und Synthesegas, teilweise aber auch für Deponie- und Biogas als Energieträger entwickelt und stellen Stand der Technik dar. Sie sind direkt mit einem Generator zur Elektroenergieerzeugung gekoppelt. Die in den heißen Motorabgasen enthaltene Wärmeenergie - sie weist ein relativ hohes Temperaturniveau auf - kann zusätzlich über Abwärmerückgewinnungsanlagen zur Bereitstellung von Heizwärme genutzt werden. Eine solche Anlage wird als Blockheizkraftwerk (BHKW) bezeichnet. Sowohl bei der Gasturbine als auch bei dem BHKW kann der Übergang zu einem künftigen Wasserstoffeinsatz anstelle der herkömmlichen Energieträger stufenweise erfolgen, indem den fossilen Brennstoffen in zunehmenden Anteilen Wasserstoff beigemengt wird.

Eine weitere Möglichkeit zur Bereitstellung von Heizwärme oder Brauchwarmwasser mit Wasserstoff als Energieträger ist die Verwendung eines katalytischen Brenners oder Heizers. Derartige Geräte arbeiten nach dem Prinzip des Feuerzeugs von Döbereiner[21] in einem Temperaturbereich von knapp oberhalb der Umgebungstemperatur bis hin zu einigen hundert Grad Celsius. Der konkrete Temperaturbereich wird dabei vom eingesetzten Katalysatormaterial bestimmt. Katalytische Heizer zeichnen sich durch einen einfachen Aufbau, einen sicheren Betrieb und die selbststartende Oxydation (flammenlose Verbrennung des jeweiligen gasförmigen Energieträgers) aus.

Damit ist zugleich auch das besondere Merkmal katalytischer Heizer bzw. der katalytischen Verbrennung genannt: bei ihr ist keine offene

---

[21] Johann Wolfgang Döbereiner (1780-1849) arbeitete auf dem Gebiet der katalytischen Verbrennung von Gasen. Er entdeckte 1823 die katalytische Wirkung der Platinmetalle und entwickelte darauf aufbauend das nach ihm benannte Feuerzeug, bei dem sich Wasserstoff an Platinschwamm entzündet.

Flamme vorhanden. Folglich ist die Bildung von Luftschadstoffen wie $CO_2$ oder Stickoxiden ausgeschlossen. Im Vergleich zu herkömmlichen Flammenbrennern erfordern katalytische Brenner allerdings erheblich größere Oberflächen, da das poröse Katalysatormaterial überwiegend in Form von Platten und Matten eingesetzt wird.

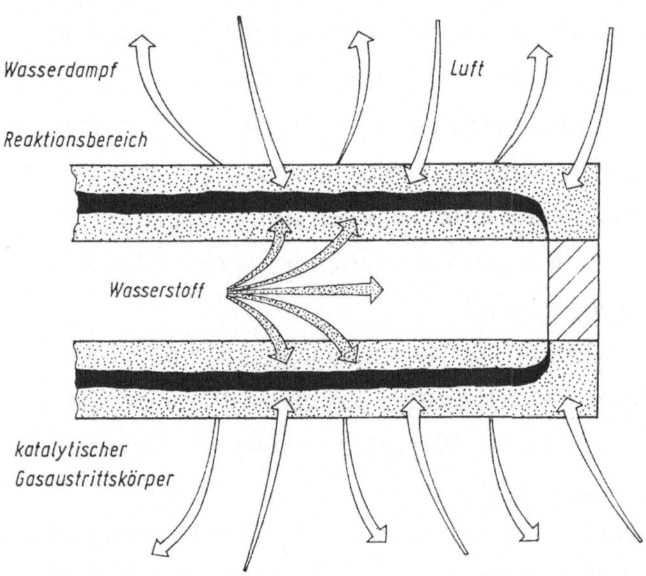


**Abb. 15** Schema eines katalytischen Wasserstoffbrenners zur Bereitstellung von Wärmeenergie

Bei einigen Versuchsmodellen sind die Katalysatoren aber auch röhrenförmig um den aus poröser Keramik bestehenden Wasserstoffverteiler (Diffusionsbarriere) angeordnet (Abb. 15 und 16).

Während katalytische Heizer für Flüssiggas bereits seit geraumer Zeit in verschiedenen Ländern im praktischen Betrieb genutzt werden und die katalytische Verbrennung von Kohlenmonoxid ebenfalls Stand der Technik ist, gibt es für katalytische Heizer und Brenner auf der Grundlage von Wasserstoff als Einsatzenergieträger gegenwärtig nur einige wenige Versuchsmodelle. Sie werden fast ausschließlich für entsprechende Demonstrationsvorhaben verwendet.

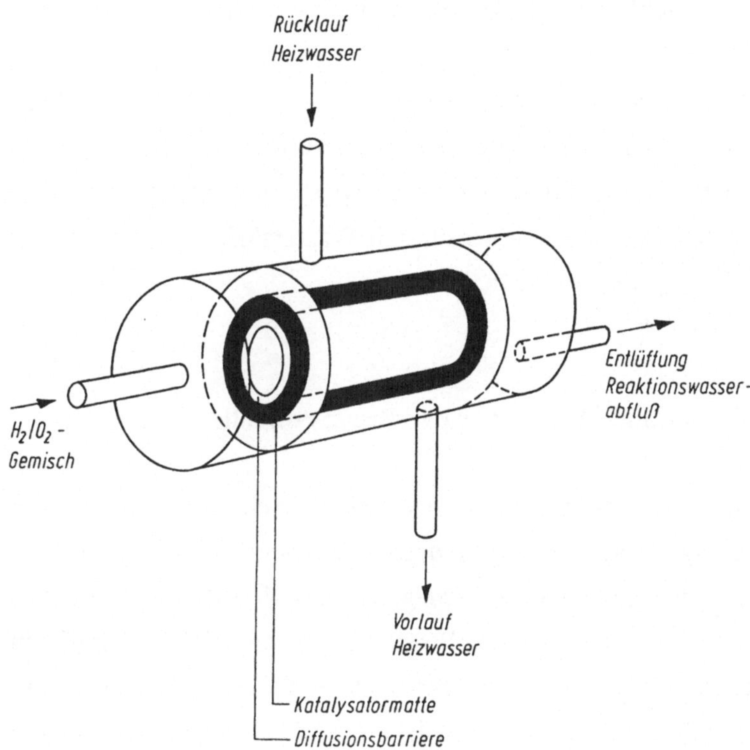


**Abb. 16 Schema eines katalytischen Rohrreaktors zur Wärmeerzeugung**

Bis zur umfassenden praktischen Nutzung dieser vielversprechenden Möglichkeit zur dezentralen Energieversorgung, vor allem im kommunalen Bereich, sind noch umfangreiche grundlegende und systemtechnische Forschungs- und Entwicklungsarbeiten erforderlich. Dies betrifft insbesondere

• die Bildung theoretischer Modelle zum Reaktionsverlauf,

- die Suche nach stabilen und preiswerten Katalysatormaterialien, wobei vor allem auf den Verzicht der Verwendung von Edelmetallen orientiert wird,
- die Entwicklung und Vervollkommnung geeigneter Verfahrenstechniken.

Dennoch kann bereits heute eingeschätzt werden, daß mit den katalytischen Brennern in absehbarer Zeit eine effektive Technologie zur dezentralen Prozeßwärme- und Warmwasserversorgung sowie für den Einsatz in kleinen Heizwerken mit Wasserstoff als Energieträger zur Verfügung stehen könnte.


## 4.2    Strom und Wärme aus der Brennstoffzelle


Als eine besonders aussichtsreiche Möglichkeit der energetischen Nutzung von Wasserstoff gilt dessen Verwendung in Brennstoffzellen für die kombinierte Erzeugung von Wärme- und Elektroenergie bzw. für die alleinige Bereitstellung von Elektroenergie. In zahlreichen Ländern der Erde laufen seit rund drei Jahrzehnten umfangreiche Forschungs- und Entwicklungsvorhaben, die sich sowohl mit der Schaffung neuartiger Brennstoffzellentypen als auch mit deren Nutzung für die zentrale und dezentrale Energieversorgung befassen. Dabei ist die Brennstoffzelle nicht etwa eine Erfindung aus unseren Tagen, sondern es handelt sich bei ihr gewissermaßen um einen physikalischen "Oldtimer", der aus einer mehr als einhundert Jahre währenden Versenkung geholt wurde.

Schon im Jahre 1830 stellte nämlich der britische Naturwissenschaftler Sir William Grove fest, daß bei der Reaktion von Wasserstoff und Sauerstoff unter bestimmten Versuchsbedingungen ein elektrischer Strom fließt. Ausgangspunkt für seine Arbeiten war die bereits im Abschn. 1.1 erwähnte Zerlegung des Wassers mittels elektrischen Stromes, die 1789 von P. van Troostwyk demonstriert worden war. Sir William kehrte bei seinen zahlreichen Untersuchungen zu den Eigenschaften von Wasserstoff u. a. den Vorgang der Elektrolyse schließlich einfach um und schuf so die erste funktionstüchtige Brennstoffzelle. Allerdings blieb diese auch als Knallgaszelle (Abb. 17) bezeichnete Erfindung über mehr als 120 Jahre hinweg eine Art technische Spielerei und wurde nur gelegentlich in Physikvorlesungen zur Unterhaltung der Studenten hervorgeholt.

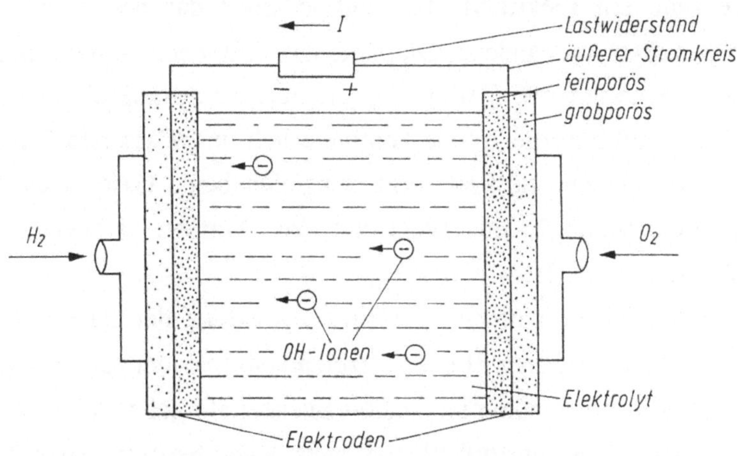


Abb. 17 Grundsätzlicher Aufbau einer Knallgaszelle

Erst die rasante Entwicklung auf dem Gebiet der Raumfahrttechnik führte dazu, daß man sich zu Beginn der 50er Jahre wieder der betagten Brennstoffzelle erinnerte und sich ernsthaft mit ihrer technischen Entwicklung und Nutzung befaßte. Galt es doch, ein von der Sonnenstrahlung unabhängiges, stabil und kontinuierlich arbeitendes

Versorgungskonzept mit langer Lebensdauer für die Elektroenergie-bereitstellung an Bord von Raumflugkörpern zu schaffen. Die Knallgaszelle konnte all diese Anforderungen vom Prinzip her erfüllen, und nach entsprechenden Entwicklungsarbeiten lag bereits mit der Baconzelle die erste technisch nutzbare Brennstoffzelle vor. Sie wurde bald darauf u. a. im APOLLO- bzw. GEMINI-Projekt der USA eingesetzt, fand aber auch sehr rasch erste Anwendung auf der Erde.

Da die Brennstoffzelle bei den Versuchen zur Umkehrung der Elektrolyse entstand, tauchen folgerichtig bei ihr die dort vorhandenen Komponenten ebenfalls auf, nämlich zwei Elektroden (Anode und Kathode) und ein Elektrolyt. Es fehlt lediglich das bei manchen Elektrolysezellen vorhandene Diaphragma. Zwischen Anode und Kathode ist eine leitende Verbindung als äußerer Stromkreis gelegt (Abb. 17). Wird nun die Anode kontinuierlich mit Wasserstoff und die Kathode mit Sauerstoff versorgt, reagieren beide Gase in einer "kalten Verbrennung" im Elektrolyt zu Wasser, wobei ein Elektronenfluß ausgelöst wird.

In den letzten Jahren wurden in Weiterentwicklung der Baconzelle mehrere verschiedenartige Brennstoffzellenkonzepte entworfen und teilweise schon  bis zur kommerziellen Einsatzreife gebracht. Dabei wird der jeweilige Brennstoffzellentyp stets davon bestimmt, welche Materialien für die Elektroden bzw. als Elektrolyt Verwendung finden und bei welcher Arbeitstemperatur die Reaktion von Wasserstoff und Sauerstoff vonstatten geht (Tab. 11).

Die in der Brennstoffzelle ablaufende chemische Grundreaktion wird weder von deren Typ noch vom genutzten Brennstoff in irgendeiner Weise beeinflußt (Abb. 18). Auch wenn der Reaktionsprozeß in der

*Tabelle 11*    *Ausgewählte Daten verschiedener Brennstoffzellensysteme (nach Peschka)*

Nieder- und Mitteltemperatur-Brennstoffzellen

| Elektrolyt | Kalilauge (KOH) | Phosphorsäure ($H_2PO_4$) | Ionentauscher -membran | Salzschmelzen ($Li_2CO_3/K_2CO_3$) | Fest-Oxid ($ZrO_2$) |
|---|---|---|---|---|---|
| Elektroden | $Ni/NiO_2$ | Pt/C | Pt/Nb | Ni | $Ni/ZrO_2$ |
| Arbeitstemp. (°C) | 80...200 | 150...200 | 75...150 | 650 | 1.000 |
| Arbeitsdruck (MPa) | 0,2...0,5 | 0,4...0,8 | 0,4...0,8 | 0,5...1 | 0,2 |
| Brennstoff | $H_2$ | $H_2;H_2/CO$ | $H_2;H_2/CO$ | $H_2/CO$ | $H_2/CO$ |
| Oxydator | $O_2$ | Luft | $O_2$/Luft | Luft;$CO_2$ | Luft |
| elektrischer Wirkungsgrad | 0,52 | 0,40...0,54 | 0,40...0,45 | 0,45 | 0,45...0,55 |
| Lebensdauer der Einzelzelle (h) | 20.000 | 20.000 | 30.000 | 15.000 | 22.000 |

Brennstoffzelle über mehrere Stufen verläuft, reagiert letztendlich stets der Wasserstoff mit dem Sauerstoff nach der Formel

$$H_2 + {}^{1}\!/_{2}\, O_2 \rightarrow H_2O$$

zu Wasser.

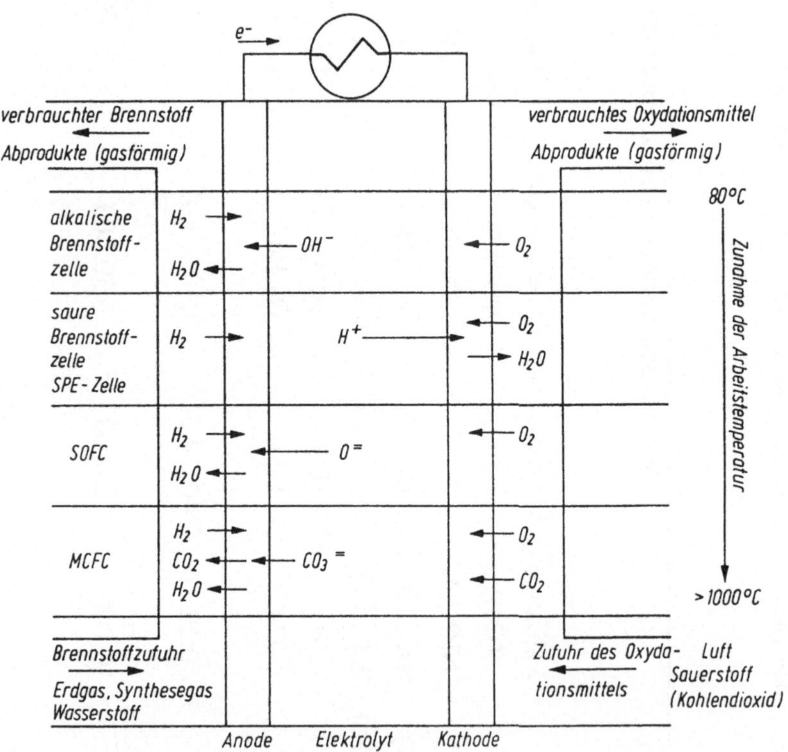


Abb. 18 Prinzipielle elektrochemische Reaktion der einzelnen Brennstoffzellentypen (nach Fueki)

Nach dem derzeitigen Stand der Technik werden folgende Typen von Brennstoffzellen unterschieden:

- Nieder- und Mitteltemperatur-Brennstoffzellen mit Betriebstemperaturen zwischen 0 und 150 °C bzw. zwischen 150 und 250 °C, wobei an drei verschiedenen Typen gearbeitet wird:
  - alkalische Brennstoffzelle mit wässriger Kalilauge (KOH) als Elektrolyt,
  - saure Brennstoffzelle vorrangig mit konzentrierter Phosphorsäure als Elektrolyt,
  - Feststoff-Elektrolyt-Brennstoffzellen mit sauren Ionentauschergruppen in einer Polymermatrix.
- Hochtemperatur-Brennstoffzellen mit Betriebstemperaturen zwischen 600 und 1.000 °C. Hier wird an zwei Typen gearbeitet:
  - Karbonatschmelzen-Brennstoffzelle,
  - Fest-Elektrolyt-Brennstoffzelle.

Nachstehend werden diese Brennstoffzellen in ihrem Aufbau und in ihrer Funktionsweise etwas näher vorgestellt.

*Alkalische Brennstoffzelle* - sie entspricht in etwa der klassischen Knallgaszelle. Die Elektroden bestehen aus porösen Metallen der Platingruppe[22], wobei die Innenseiten aus feinporösem und die Außenseiten aus grobporösem Material bestehen. Das Elektrodenmaterial wirkt gleichzeitig als Katalysator für die ablaufende $H_2/O_2$-Reaktion, wobei sich durch die poröse Struktur die Katalysatoroberfläche deutlich vergrößert. Im praktischen Betrieb einer solchen Zelle wird die Anode kontinuierlich mit Wasserstoff und die Kathode mit reinem Sauerstoff beschickt. Dient Luft als Oxydator, müssen Maßnahmen zur Entfernung des Kohlendioxids ergriffen werden, um eine Karbonatbildung im Elektrolyt zu verhindern. Diese Betriebsvariante ist zugleich mit einer Verringerung des Wir-

---

[22] Zu den Platinmetallen zählen neben Platin (Pt) auch noch Palladium (Pd), Rhodium (Rh), Ruthenium (Ru), Iridium (Ir) und Osmium (Os).

kungsgrades verbunden, der beim Einsatz von reinem Sauerstoff als Oxydator, bezogen auf die Elektroenergieerzeugung, bei maximal 52 % liegt. Zur Erzeugung der Elektroenergie laufen in der alkalischen Brennstoffzelle bei einer Betriebstemperatur von maximal 200 °C die folgenden Reaktionen ab:

*Kathode:*    $O_2 + 2\,H_2O + 4e^- \rightarrow 4\,OH^-$

Die negativen OH-Ionen wandern im Elektrolyt zur Anode (Abb. 18). Dort erfolgt die Oxydation des Wasserstoffs.

*Anode:*    $2\,H_2 + 4\,OH^- \rightarrow 4\,H_2O + 4e^-$

Die vier an der Anode überschüssigen Elektronen bewegen sich über den angelegten äußeren Stromkreis zur Kathode und stehen dort für die Fortsetzung der Reaktion wieder zur Verfügung. Der konventionelle Strom, d. h. die nutzbare Elektroenergie, fließt natürlich von der Kathode zur Anode. Seine Urspannung beträgt im Idealfall 1,23 V. Die Stromstärke hängt von der Fläche der Brennstoffzelle ab. Das als Reaktionsprodukt entstandene Wasser wird kontinuierlich aus dem Elektrolyt abgeführt. Dazu ist es erforderlich, die Kalilauge im Kreislauf zu führen, d. h. ständig umzuwälzen.

Es leuchtet sicher ein, daß aufgrund der selbst im Idealfall nur sehr geringen Spannung, die eine einzelne Brennstoffzelle abgibt, bei der technischen Nutzung stets mehrere zu einer größeren Einheit geschaltet werden müssen. Weiterhin ist vor der Einspeisung der erzeugten Elektroenergie in das herkömmliche Versorgungsnetz eine Umformung mittels Wechselrichter erforderlich, da alkalische Brennstoffzellen, wie übrigens alle anderen Brennstoffzellentypen auch, Gleichstrom liefern.

Als Weiterentwicklung der klassischen alkalischen Brennstoffzelle kann die bipolare alkalische Brennstoffzelle angesehen werden. Bei ihr bestehen die Elektroden aus einem gepreßten Kohlenstoff-Polytetrafluorethylen (PTFE)-Gemisch. Der aus Ethin (früher Acethylen), Ruß oder Graphit gewonnene Kohlenstoff bildet mit dem PTFE und speziellen Füllmaterialien die Basisstruktur für poröse Elektroden mit einer entsprechend großen Oberfläche. In diese Elektrodenoberfläche wird Platin in feinster Verteilung als Katalysatormaterial zur Elektronenaktivierung eingebracht. Bipolare alkalische Brennstoffzellen erreichen Stromdichten von 2.000 A/m² und Wirkungsgrade zwischen 60 und 70 %. Nach rund 5.000 Betriebsstunden geht der Wirkungsgrad um etwa 10 % zurück. Dieser Vorgang wird als Degradation bezeichnet.

*Saure Brennstoffzellen* mit konzentrierter Phosphorsäure als Elektrolyt arbeiten im Temperaturbereich von 150 bis 200 °C nach dem annähernd gleichen Prinzip wie alkalische Brennstoffzellen. Bei ihnen kann aber Rohwasserstoff mit Anteilen von Kohlenmonoxid und Kohlendioxid verwendet und Luft als Oxydator genutzt werden (Tab. 11). Auf diese Weise verbreitert sich die Palette der potentiell nutzbaren Brennstoffe, wobei vor allem der Einsatz von Synthesegas und hier speziell die Kopplung einer größeren Brennstoffzellenanlage mit einer Anlage zu Kohlevergasung von besonderem Interesse ist (Abb. 19). Möglich ist aber auch die Beschickung der Brennstoffzelle mit Methan (Erdgas) und gasförmigen Spaltprodukten des Erdöls nach entsprechender Aufbereitung (Reforming).

Die sauren Brennstoffzellen erreichen hinsichtlich der Elektroenergieerzeugung mit 40 bis 45 % einen etwas geringeren Wirkungsgrad als alkalische Brennstoffzellen. Da sie aber meist mit höheren Betriebstemperaturen arbeiten (Tab. 11), können bei ihnen Vorrich-

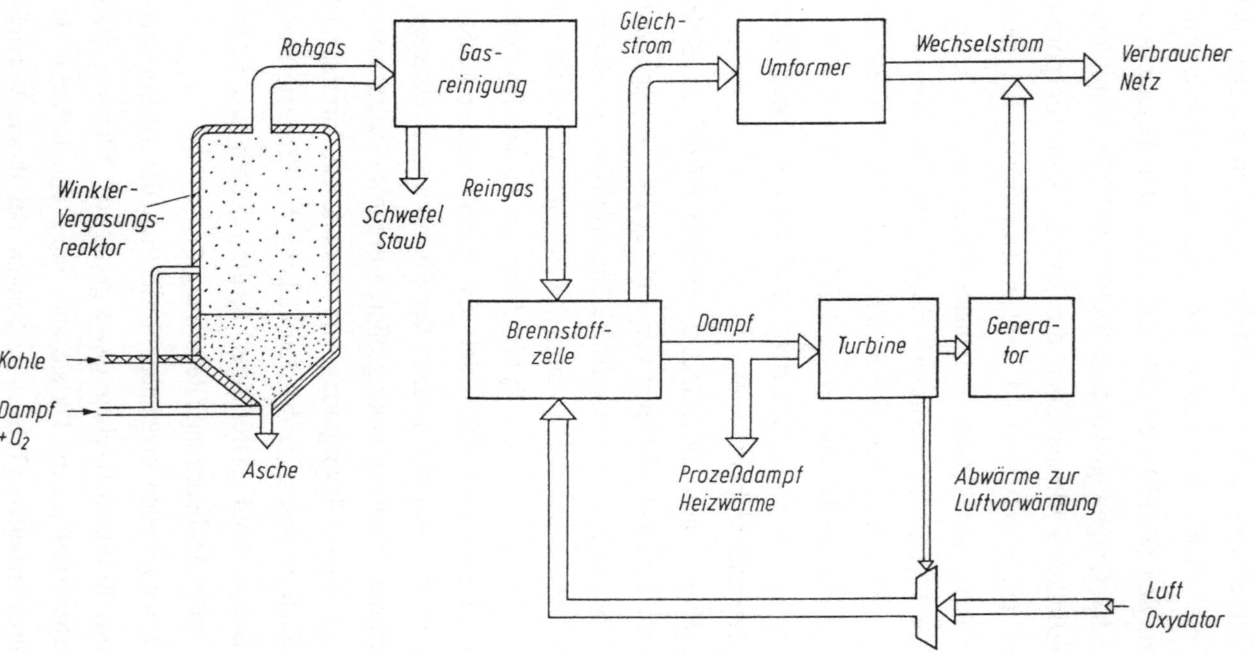


**Abb. 19** Schematische Darstellung eines Brennstoffzellen-Kraftwerkes zur kombinierten Wärme-Kraft-Bereitstellung mit Synthesegas als Brennstoff

tungen zur Abwärmenutzung angeschlossen werden. Unter deren Einbeziehung, d. h. der kombinierten Wärme-Kraft-Erzeugung (Abb. 19), steigt der Gesamtwirkungsgrad sogar bis auf 80 % an. Es ist daher nicht verwunderlich, wenn gerade dieser Brennstoffzellentyp bereits eine recht beachtliche Verbreitung erreicht hat.

Begann man vor rund 20 Jahren in den USA, der früheren Sowjetunion und Japan, in entsprechenden Versuchsanlagen zunächst die generelle Eignung der sauren Brennstoffzelle für eine schadstofffreie, effektive Elektroenergie- und Wärmebereitstellung in Industrieanlagen, Krankenhäusern und Wohnbauten mit kleineren Anlagen zu testen, so arbeiten derzeit in New York und Tokio (Tokyo Electric Power Company) Brennstoffzellen-Kraftwerke mit einer elektrischen Leistung von jeweils 4,5 MW. Im California State Office Building von San Francisco (USA) wird eine Brennstoffzellenanlage mit einer elektrischen Leistung von 40 kW auf der Basis von Erdgas als Energieträger und Sauerstoff als Oxydator betrieben. Neben Elektroenergie liefert sie nach dem in Abb. 19 gezeigten Prinzip auch Heizwärme. An weiteren 46 Standorten in nahezu allen Bundesstaaten der USA wurden zwischen 1984 und 1986 derartige 40-kW-Brennstoffzellenanlagen der International Fuel Cells Corporation einem Langzeittest unterzogen und aus dem Betrieb umfassende Schlußfolgerungen für eine weitere Nutzung derartiger Anlagen gewonnen. Der Westinghouse-Konzern (USA), eines der führenden Unternehmen auf dem Gebiet der Forschung und Entwicklung von Brennstoffzellen, kündigte zu Beginn der 90er Jahre den Bau von luftgekühlten Brennstoffzellen-Kraftwerken auf der Basis von konzentrierter Phosphorsäure als Elektrolyt mit einer elektrischen Leistung von 7,5 MW an. Als Energieträger ist zunächst ebenfalls Erdgas vorgesehen.

Im Rahmen des japanischen Moonlight-Programms[23] spielen die Entwicklung und der Betrieb von Phosphorsäure-Brennstoffzellen ebenfalls eine gewichtige Rolle. Mehrere große Konzerne des fernöstlichen Inselreiches, darunter die Fuji Electric Corporation und die Toshiba Corporation, haben Brennstoffzellenanlagen mit Leistungen bis zu einigen hundert Kilowatt entwickelt und betreiben sie als Demonstrationsprojekte. Teilweise sind diese kleinen Brennstoffzellen-Kraftwerke direkt mit petrochemischen Anlagen gekoppelt und nutzen den dort anfallenden Rohwasserstoff bzw. wasserstoffreiche Synthesegase zur Erzeugung von Elektroenergie und Heizwärme. In einigen Fällen werden die Brennstoffzellen aber auch mit Erdgas, Methanol oder Hydrazin beschickt. Als potentielles Ziel für eine künftige Vermarktung dieser Entwicklung wird die Elektroenergie- und Wärmeversorgung kleiner bewohnter Inseln oder abgelegener ländlicher Gebiete in Japan und in anderen Staaten angesehen. Dort könnten solche Brennstoffzellen-Kraftwerke als Alternative zu einem sonst erforderlichen umfassenden Ausbau der entsprechenden Versorgungsnetze betrieben werden.

Trotz dieser interessanten Projekte wird aber den Brennstoffzellen mit einem flüssigen, sauren Elektrolyt keine so große Chance für die Zukunft eingeräumt, wie man dies angesichts des erreichten Standes der Technik vielleicht erwarten könnte. Dies hängt vor allem mit der in den Zellen verwendeten konzentrierten Phosphorsäure zusammen, durch die es zu erheblichen konstruktiven und materialtechnischen Problemen kommt. Um aber dennoch die ausgezeichneten Betriebs-

---

23 Das vom japanischen Ministerium für Internationalen Handel und Industrie (MITI) initiierte Moonlight-Programm befaßt sich vorrangig mit den Fragen des rationellen Einsatzes herkömmlicher Energieträger u. a. durch die Entwicklung neuartiger Technologien. Ergänzt wird es durch das Sunshine-Programm, das sich mit den Nutzungsmöglichkeiten erneuerbarer Energiequellen befaßt.

eigenschaften der sauren Brennstoffzellen nutzen zu können, wird intensiv die Entwicklung von *Feststoffelektrolyt-Brennstoffzellen mit sauren Ionentauschergruppen in einer Polymermatrix* vorangetrieben. Diese auch als SPE (Solide-Polymer-Elektrolyte-)Zelle bezeichnete Brennstoffzelle weist eine sehr kompakte Bauweise auf. Sie kann daher leicht und platzsparend ausgelegt werden und eignet sich besonders für mobile Anlagen (Abschn. 4.4.1). Der Wirkungsgrad ihrer Elektroenergieerzeugung gleicht dem der sauren Brennstoffzelle mit flüssigem Elektrolyt. Allerdings sind die Betriebstemperaturen bei ihnen etwas geringer. Eine Abwärmenutzung ist daher nur bedingt möglich, beispielsweise durch den Einsatz von Wärmepumpen. SPE-Zellen sind auch bei niedrigen Außentemperaturen betriebsfähig, was ihr Anwendungsfeld noch vergrößert. Allerdings bedarf es bis zur technischen Einsatzreife dieses Brennstoffzellentyps noch erheblicher Forschungs- und Entwicklungsarbeiten, die sich vor allem auf die Schaffung einer relativ billigen Ionentauschermembran konzentrieren.

Bereits seit 1959 wird insbesondere in den USA und in Japan an der Entwicklung einer Brennstoffzelle gearbeitet, bei der Salzschmelzen, vorrangig Lithium- und Kaliumkarbonate, als Elektrolyt genutzt werden. Die *Karbonatschmelzen-Brennstoffzellen,* gelegentlich liest man auch in deutschsprachigen Veröffentlichungen die Begriffe Molten-Carbonat-Zellen oder MCFC (von Molten-Carbonate-Fuel-Cell), zeichnen sich vor allem dadurch aus, daß für ihre Elektroden keine Edelmetalle erforderlich sind, sondern beispielsweise poröses Nickel oder Nickeloxid verwendet werden kann. Das hängt mit der relativ hohen Betriebstemperatur von 500 bis 700 °C zusammen, bei der edle Metalle als Katalysatoren für die Elektronenaktivierung nicht mehr erforderlich sind. Als sehr nachteilig wirkt sich allerdings die große Aggressivität der verwendeten Salzschmelzen aus, durch die der Vorteil der möglichen Verwendung von billigen Materialien für die Elektroden weitgehend eliminiert wird. Daraus ergeben sich für eine künftige kommerzielle Nutzung dieses Brennstoffzellentyps erhebliche Werkstoffprobleme, deren Lösung noch intensive Forschungs- und Entwicklungsarbeiten erfordern.

Die in Karbonatschmelzen-Brennstoffzellen erzielbare Urspannung liegt bei annähernd 1 V je Einzelzelle. Die Stromdichte beträgt zwischen 100 und 200 mA/cm² Zellenfläche. Wegen der bereits erwähnten hohen Arbeitstemperaturen, die dieser Brennstoffzellentyp erfordert, ist eine Abwärmenutzung in zwei Richtungen möglich. Zum einen kann der Dampf, der als Reaktionsprodukt anfällt, in einem nachgeschalteten herkömmlichen Wärmekraftwerk zur zusätzlichen Elektroenergieerzeugung eingesetzt werden. Zweitens ist aber auch die Bereitstellung von hochwertiger Prozeßwärme für industrielle Verarbeitungsprozesse oder zu Heizzwecken möglich. Diese beiden Varianten sind in den bisher bekanntgewordenen Konzepten für ein Karbonatschmelzen-Brennstoffzellen-Kraftwerk ebenfalls enthalten (Abb 19).

Insbesondere in Japan hat man auf dem Gebiet der Karbonatschmelzen-Brennstoffzelle bereits einen recht beachtlichen technischen Entwicklungsstand erreicht. So haben zwischen 1984 und 1986 fünf Konzerne dieses Landes entsprechend der Phase I des im Moonlight-Programms verankerten Projektes zur Entwicklung von effektiven Brennstoffzellen eigene 10-kW-Karbonatschmelzen-Brennstoffzellenanlagen geschaffen, die im Jahre 1987 einem vergleichenden Langzeittest unterzogen wurden. Als Vorgabe hatte die für die Entwicklungsarbeiten verantwortliche New Energy Development Organization (NEDO) folgende Parameter festgelegt:

* eine Zellspannung von 0,75 V,
* eine Arbeitstemperatur von 650 °C bei Normaldruck,
* eine Stromdichte von 150 mA/cm² Zellenfläche.

Die in dem Vergleich festgestellten Ergebnisse waren so ermutigend, daß unmittelbar daran anschließend die Phase II des Entwicklungsprogramms eingeleitet wurde. Diese sieht zunächst den Bau einer 100-kW-Anlage vor, mit der weitere Tests durchgeführt werden sollen. Falls diese ebenso vielversprechend verlaufen, soll dann bis zum Jahre 1995 eine Anlage in der Leistungsklasse von einem Megawatt geschaffen werden.

Seit Beginn der 80er Jahre wird insbesondere in den USA intensiv an der Entwicklung der *Fest-Elektrolyt-Brennstoffzelle,* englisch Solid-Oxid-Fuel-Cell (SOFC), die gelegentlich auch als Brennstoffzelle der 3. Generation bezeichnet wird, gearbeitet. Wie schon der Name sagt, werden bei ihr in Keramik eingebettete Metalloxide, u. a. Zirkonoxid, als fester Elektrolyt verwendet. Die Elektroden bestehen aus unedlen Metallen bzw. Metalloxiden (Tab. 11). Aufgrund des sehr spröden Elektrolytmaterials wird die einzelne Fest-Elektrolyt-Brennstoffzelle nur eine Fläche von wenigen Quadratzentimetern aufweisen. Das erfordert in größerem Umfang als bei den anderen Brennstoffzellentypen das Zusammenschalten sehr vieler Zellen zu einer größeren Einheit, um sowohl hinsichtlich der Spannung als auch der Stromstärke nennenswerte Beträge zu erreichen. Erhebliche Probleme bereitet die Materialauswahl für die Elektroden bzw. für deren keramische Trägerstruktur. Immerhin müssen die Fest-Elektrolyt-Brennstoffzellen im Temperaturbereich von 900 bis 1.100 °C arbeiten. Das bedingt eine extreme Hitzebeständigkeit der verwendeten Werkstoffe. Andererseits ermöglicht diese hohe Betriebstemperatur auch eine Nutzung von Abwärme auf einem sehr hohen Temperaturniveau.

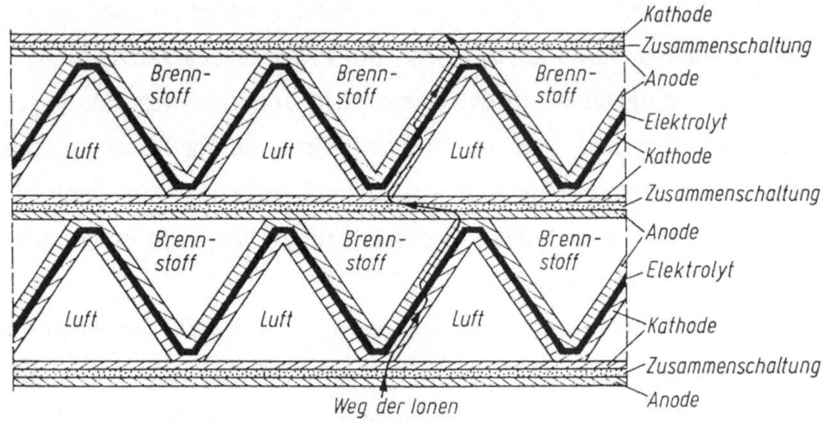


**Abb. 20 Schematische Darstellung der Hauptsektion einer monolithischen Fest-Elektrolyt-Brennstoffzelle des Argonne National Laboratory (nach Goldstein und Rastler)**

Hinsichtlich der konkreten Gestaltung der Fest-Elektrolyt-Brennstoffzellen verfolgen die einzelnen Forschungseinrichtungen jeweils eigene Wege. So arbeitet beispielsweise das Argonne National Laboratory in Argonne (USA) schon seit geraumer Zeit an einem Modell, das sich durch seine monolithische Bauart auszeichnet. Die beiden Elektroden und der Elektrolyt haben nur jeweils eine Stärke von 1 bis 2 mm. Die als Zusammenschaltung bezeichnete Schicht zwischen Anode und Kathode besteht aus einem elektrischen Leiter von gleicher Abmessung (Abb. 20). Andere Konzepte verfolgen der bereits erwähnte Westinghouse-Konzern mit einer röhrchenförmigen Fest-Elektrolyt-Brennstoffzelle und die International Fuel Cells Corporation, die an einer Flachplattenkonfiguration arbeitet.

Den Wissenschaftlern und Techniker des Westinghouse-Konzerns gelang zwischen 1988 und 1989 der erfolgreiche Testbetrieb einer 3-kW-SOFC-Einheit auf der Grundlage des Röhrchenkonzeptes. Die Anlage arbeitete mit Erdgas mehr als 5.000 Betriebsstunden hindurch störungsfrei. In einer anschließenden zweiten Etappe wurde als vorläufiger Höhepunkt der Entwicklung im November 1990 mit dem Testbetrieb einer 20-kW-SOFC-Einheit begonnen. Die Anlage besteht aus 576 einzelnen röhrenförmigen Zellen von jeweils 50 cm Länge und wird ebenfalls mit Erdgas betrieben. Der Westinghouse-Konzern schätzt ein, daß mit dieser Anlage der Schritt in die kommerzielle Nutzung der SOFC-Technik eingeleitet werden könnte. Vorgesehen sind dabei Einheiten im Bereich von mehreren 100 kW, die sowohl mit Erdgas als auch mit Synthesegas betrieben werden können. Zur Erreichung dieses Zieles sind u. a. umfangreiche Arbeiten zur Verringerung der Anlagenkosten erforderlich. Ein weiterer Entwicklungsschwerpunkt liegt auf der Reduzierung der Degradation der Zellspannung in Abhängigkeit von der Betriebsdauer. Derzeit liegt sie bei 1,4 % für 1.000 Betriebsstunden. Angestrebt wird eine Degradationsrate von deutlich < 1 % je 1.000 Betriebsstunden über eine Gesamtbetriebsdauer von 50.000 bis 100.000 Stunden. Und schließlich wird intensiv an der Optimierung der Länge der einzelnen Zellen und deren Energiedichte gearbeitet.

Generell ist zu den Brennstoffzellen aller hier kurz vorgestellten Typen zu sagen, daß sie - unabhängig vom bereits erreichten Entwicklungsstand - gegenwärtig noch nicht mit den herkömmlichen Technologien zur kommerziellen Bereitstellung von Elektroenergie und Wärme konkurrieren können. Das trifft zum Teil für die technischen Parameter zu, gilt aber in besonderem Maße für die Wirtschaftlichkeit. Nur in vereinzelten Anwendungsfällen, bei denen vor allem die spezielle Eigenschaft der Brennstoffzellen, d. h. die kontinuierliche Energiebereitstellung ohne jegliche Schadstoffemission, und die Möglichkeit, in kleinen Leistungsbereichen Wirkungsgrade von mehr als 50 % zu erreichen, gefragt ist, werden sie heute trotz der genannten Nachteile bereits eingesetzt. Das gilt auch für ihre Nutzung in mobilen Anlagen, für die sie wegen ihres modularen Aufbaus besonders geeignet sind. Allerdings gibt es schon heute transportable Einheiten im Leistungsbereich von 5 W bis 1.000 kW. Auf einen Anwendungsbereich derartiger mobiler Brennstoffzellenanlagen wird im Abschn. 4.4 eingegangen. Mit einer umfassenden Nutzung von Brennstoffzellen ist aber erst zu rechnen, wenn deren spezifische Leistungen erheblich gesteigert werden können. Gleichzeitig muß es gelingen die Materialkosten deutlich zu verringern. Und nicht zuletzt ist es erforderlich, den Aufbau der aus sehr vielen einzelnen Zellen bestehenden Aggregate entscheidend zu vereinfachen. Weiterhin wird derzeit davon ausgegangen, daß sich die Brennstoffzellen erst bei Herstellungskosten von weniger als 3.000,- DM/kW im Kraftwerksbereich und dort vorrangig bei der dezentralen Energieversorgung durchsetzen können. Die gegenwärtigen Kosten liegen noch ein ganz beträchtliches Stück darüber. Völlig unberücksichtigt ist bei all diesen Voraussagen die Frage der Bereitstellung des Wasserstoffs als effektivstem Energieträger für die Brennstoffzellen. Die meisten Konzepte sehen daher in einer ersten Phase den Betrieb mit Synthesegasen oder anderen wasserstoffreichen Gasen vor. Diese müssen aber vorher auf dem Wege der Umwandlung von festen Brennstoffen oder durch die Spaltung bzw. Aufbereitung von Erdöl und Erdgas erst gewonnen werden. Die derzeit dafür vorhandenen Verfahren sind relativ aufwendig. Ganz abgesehen davon, daß in allen Fällen fossile Energieträger eingesetzt werden müssen. Aber gerade deren Ablösung ist ja Zweck der künftigen Wasserstoffenergetik. Gleiches gilt natürlich auch, wenn in den Brennstoffzellen reiner Wasserstoff genutzt wird, der nach dem heutigen Stand der Technik effektiv und in ausreichenden Mengen ebenfalls nur aus fossilen Energieträgern gewonnen werden kann. Im Falle des bereits mehrfach erwähnten Betriebes der Brennstoffzellen mit Erdgas oder Synthesegasen ist stets eine Anlage zur Spaltung des Methans vorgeschaltet oder in das System integriert, um so den erforderlichen Wasserstoff zu erhalten. Es gibt aber bereits Überlegungen, diese Reformierungsstufe künftig wegfallen zu lassen. Bis zu ersten nutzbaren Ergebnissen der entsprechenden Forschungs- und Entwicklungsarbeiten bleibt der entscheidende Punkt für den Übergang zu einer Wasserstoffenergetik auf der Grundlage von Brennstoffzellen daher stets die Frage nach der Herkunft dieses potentiellen Energieträgers.

## 4.3  Wasserstoff in der Gasversorgung

Beim Einsatz von Wasserstoff für die Brenngasversorgung von Haushalten und Industriebetrieben sind hinsichtlich der Fortleitungs- und Verteilungsnetze nur geringfügige Veränderungen gegenüber den derzeit genutzten Anlagen erforderlich. Das hängt damit zusammen, daß es sich sowohl bei Erdgas, vor allem aber bei Stadtgas, um wasserstoffreiche Gase handelt. Alle für diese beiden Energieträger erforderlichen Sicherheitstechniken haben einen hohen Stand erreicht und eignen sich auch für den Betrieb mit reinem Wasserstoff. Daher kann der Wasserstoff bei einer künftigen Gasversorgung auf dieser Grundlage in den vorhandenen Stadtgas- und Erdgasnetzen bis zum

Verbraucher befördert werden. Aber auch an den entsprechenden Gasgeräten sind keine oder nur geringfügige Veränderungen erforderlich. Vorgesehen ist vor allem der Einsatz von modernen Diffusionsbrennern ohne oder mit nur geringer Luftvormischung. Dieser Brennertyp wird gegenwärtig bereits zur Nutzung von Stadtgas eingesetzt, bei dem der Wasserstoffanteil bekanntlich zwischen 38 und 50 Vol.-% liegt. Aus diesem Grunde treten keine grundsätzlich neuen technischen Probleme bei der Substitution von Stadtgas durch Wasserstoff auf. Entwickelt und erprobt werden aber auch schon Gasgeräte für reinen Wasserstoff, die mit katalytischen Brennern ausgerüstet sind. Das in Abb. 21 gezeigte Gerät wird beispielsweise in dem vom Fraunhofer-Institut für Solare Energiesysteme in Freiburg (Breisgau) errichteten ersten energieautarken Einfamilienhaus Deutschlands eingesetzt (Abb.34 ).

Abb. 21 Gasgerät mit katalytischem Brenner

Soll eine bestehende Erdgasversorgung auf Wasserstoff umgerüstet werden, so wird dies aus heutiger Sicht zunächst über eine zunehmende Beimischung von Wasserstoff zum Erdgas erfolgen können. Beim Übergang zum reinen Wasserstoffbetrieb müßten dann allerdings die derzeitigen Brenner durch Diffusionsbrenner ersetzt werden, oder es ist eine Druckanhebung in den Versorgungsleitungen auf 2 MPa erforderlich, um so eine bessere Vermischung des Wasserstoffs mit der Verbrennungsluft zu erreichen. Im Falle des Betriebes von katalytischen Brennern sind diese Vorkehrungen nicht erforderlich.

Grundsätzlich kann davon ausgegangen werden, daß es bereits heute sichere Brennertypen und Brennerkonzepte für einen reinen Wasserstoffbetrieb gibt, die auch schon erfolgreich getestet wurden. Dabei wurde und wird das Augenmerk vor allem auf eine sehr einfache, zuverlässige und sicherheitstechnisch befriedigende Ausführung der jeweiligen Brenner gerichtet. Gerade auf diesem Gebiet sind noch weitere technische Entwicklungen notwendig.

## 4.4   Wasserstoff im Tank

Ein als Kraftstoff für Verkehrszwecke eingesetzter gasförmiger oder flüssiger Energieträger muß u. a. folgende Anforderungen erfüllen:

- relativ einfache Speicherbarkeit, möglichst in dünnwandigen überdrucklosen Behältern,
- Gewährleistung eines möglichst kurzen Auftankvorgangs,
- unmittelbare Betriebsbereitschaft des Verkehrsmittels ohne lange Anlaufphase bei der Inbetriebnahme desselben. Das erfordert eine unverzögerte Bereitstellung der Energie am Antrieb,
- betriebssichere und ungefährliche Handhabung, sowohl beim Betanken als auch bei der Nutzung im Fahrzeug,

- hohe Energiedichte, bezogen auf die Masse (kWh/kg) und das Volumen (kWh/l) des betreffenden Energieträgers einschließlich der entsprechenden Speicher- und Umformeinheit,
- wenig aufwendige und verlustarme Umformung der gespeicherten Energie in Antriebsenergie,
- geringe Umweltbelastung.

Bezieht man diese allgemein formulierten Anforderungen auf den Wasserstoff, so zeigt sich, daß er sie in einigen wesentlichen Punkten erfüllt. Wasserstoff weist eine hohe Energiedichte, bezogen auf die Masse, auf und zeichnet sich durch seine Umweltfreundlichkeit aus. Er ist relativ leicht und sicher zu handhaben. Die entsprechenden Sicherheitstechnologien sind aufgrund der umfangreichen Erfahrungen, die bei seiner langjährigen Verwendung in der chemischen Industrie gewonnen werden konnten, ausgereift und effektiv.

Als sehr nachteilig wirkt sich allerdings die geringe Energiedichte des Wasserstoffs in den gegenwärtig genutzten Speicherverfahren aus (Tab. 8). Dennoch werden dem Wasserstoff aus heutiger Sicht gute Aussichten eingeräumt, in fernerer Zukunft und unter bestimmten Voraussetzungen, die vor allem die Art seiner Bereitstellung betreffen, herkömmliche Kraftstoffe im Verkehrswesen ablösen zu können. Ein potentielles Einsatzfeld ist dabei der Straßenverkehr, mit dem sich der nachfolgende Abschnitt befassen wird.

## 4.4.1 Wasserstoff im Straßenverkehr

Schon heute rollen in einigen Ländern der Erde Testfahrzeuge über die Straßen, die anstelle von Diesel- oder Vergaserkraftstoff Wasserstoff im Tank haben. Allerdings trifft die Bezeichnung Tank nicht in jedem Falle zu. Neben dickwandigen Druckbehältern für gasförmigen Wasserstoff (Abschn. 3.1.1) sowie schaumstoff- und vakuum-isolierten $LH_2$-Tanks (Abschn. 3.1.3) erfüllen auch Hydridspeicher (Abschn. 3.1.2) diese Aufgabe.

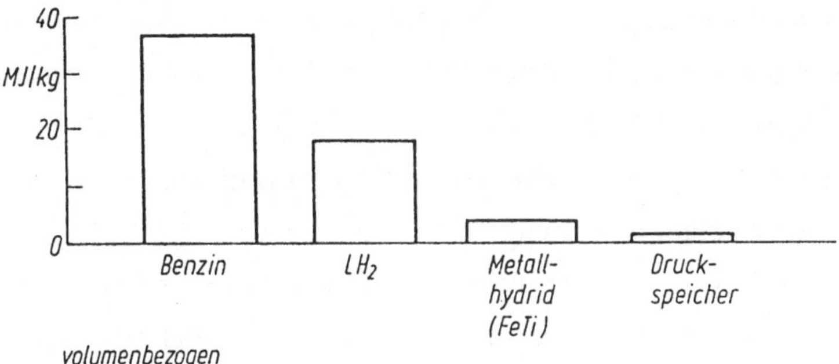


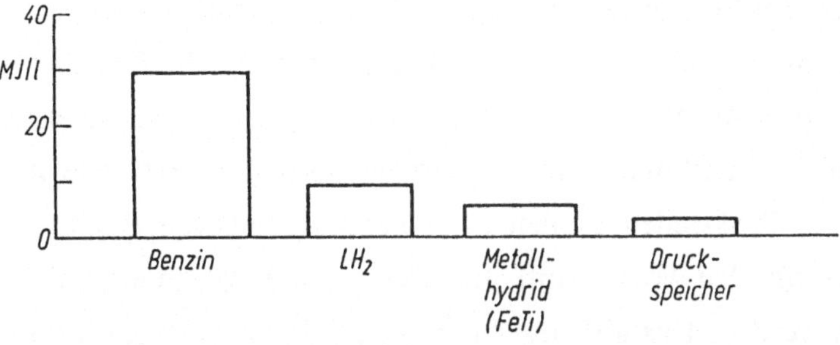


**Abb. 22 Energiedichte von Wasserstoff-Speichersystemen für Kraftfahrzeuge im Vergleich zu Benzin**

Gegenüber den Tanks für die herkömmlichen Kraftstoffe haben alle drei Speichertechniken einen gemeinsamen Nachteil: die entsprechenden Ausrüstungen sind bei gleichem Energieinhalt deutlich grösser und schwerer. So benötigt ein Druckbehälter für komprimierten Wasserstoff rund dreizehnmal mehr Platz und ist etwa zwanzigmal schwerer als ein Benzintank gleichen Energieinhalts. Bei einem Tank für $LH_2$ ergibt sich ein vierfaches Volumen bei annähernd doppelter Masse. Und die Verwendung eines Hydridspeichers führt zu einer Verdreifachung des Volumens und einer Verzehnfachung der Masse (Abb. 22). Schon aus diesen wenigen Angaben zeigt sich, daß der Einsatz von $LH_2$ und die Verwendung von Hydridspeichern die aussichtsreichsten Technologien für die Speicherung von Wasserstoff an Bord von Kraftfahrzeugen sind. Dagegen erlangt die Nutzung von Druckgas in den derzeitigen Projekten wegen der damit verbundenen großen Volumen- und Massenzunahme sowie wegen der zu lösenden Sicherheitsprobleme, die aus dem hohen Speicherdruck in den Behältern resultieren, kaum Bedeutung.

Die technologischen Lösungen für das Mitführen des Wasserstoffs in den Fahrzeugen sind aber nur die eine Seite. Weitaus wichtiger, wenn nicht sogar das Hauptproblem für die künftige Nutzung von Wasserstoff im Straßenverkehr, ist die Schaffung einer entsprechenden Infrastruktur für die Bereitstellung des Wasserstoffs. Das betrifft vor allem den Aufbau eines Tankstellennetzes für diesen Energieträger und die kontinuierliche Versorgung dieses Netzes. Die herkömmlichen Tankstellen können dafür nicht verwendet werden. Daher müßte für den Wasserstoff ein völlig neues, gesondertes Netz aufgebaut werden. Das gilt sowohl für den $LH_2$ als auch für die Bereitstellung von gasförmigem Wasserstoff. Bei den Hydridspeichern wäre ein Austausch der gesamten Speichereinheit denkbar, analog den Batterien bei Elektromobilen. Als günstigere Lösung wird aber auch hier die Betankung direkt am Fahrzeug bevorzugt. Dabei sind Ladedrücke bis zu 5 MPa erforderlich, um ein möglichst rasches Betanken zu sichern. Gewährleistet werden muß auch die kontinuierliche Abführung der beim Betankungsvorgang anfallenden

Bildungswärme des Hydrids (Abschn. 3.1.2), ein Problem, welches derzeit noch erhebliche technische Schwierigkeiten bereitet.

Bestimmte Konzepte für eine künftige energetische Infrastruktur auf der Grundlage von Wasserstoff sehen vor, daß die Betankung der wasserstoffgetriebenen Fahrzeuge mit Hydridbatterien als Speicherelement direkt am eigenen Wasserstoff-Hausanschluß erfolgen soll. Ein gesondertes Tankstellennetz für gasförmigen Wasserstoff wäre dann nicht erforderlich. Der Hausanschluß einer solchen künftigen Wasserstoffversorgung wird mit einem stationären Metallhydridspeicher von größerem Fassungsvermögen gekoppelt, der über das erdverlegte Rohrleitungsnetz mit Wasserstoff beladen werden soll. Die bei diesem Vorgang freiwerdende Wärmeenergie läßt sich im Haus für die unterschiedlichsten Zwecke verwenden. Für die Entladung des stationären Hydridspeichers wird dann die warme Abluft des Wohngebäudes genutzt. Eingebunden in dieses System ist auch die Betankung eines zum Haushalt gehörenden Wasserstoffautos mit Hydridspeicher. Aus dem stationären Metallhydridspeicher im Haus soll der gasförmige Wasserstoff entnommen und damit die Hydridbatterie des Fahrzeuges beladen werden. Die dabei freigesetzte Wärmeenergie wird über eine entsprechende Kühlleitung ebenfalls in das Wärmeversorgungssystem des Wohnhauses eingespeist.

Als nahezu problemlos erweist sich die Betankung von Fahrzeugen mit flüssigem Wasserstoff. Sie kann ähnlich rasch und einfach wie die Betankung mit Benzin oder Dieselkraftstoff erfolgen. Diese Möglichkeit wurde bei den bisher in Betrieb befindlichen Demonstrationsfahrzeugen genügend getestet. Verwendung findet dabei eine computergesteuerte Zapfsäule, die annähernd den gleichen Bedienungskomfort aufweist wie die heute genutzten Selbstbedienungszapfsäulen für herkömmliche Treibstoffe. Die Computersteuerung schließt Fehlbedienungen und damit das unkontrollierte Entweichen von Wasserstoff aus. Die Betankungszeit für einen 120-Liter-$LH_2$-Tank liegt derzeit im Bereich von weniger als fünf Minuten. In der Solar-Wasserstoff-Anlage von Neunburg vorm Wald (Abschn. 2.2.1) wird schon seit geraumer Zeit eine derartige Tankstelle im praktischen Betrieb getestet und an der Vervollkommnung der Technik gearbeitet. Als ein ernsthaftes Hindernis für die Nutzung von $LH_2$ in Fahrzeugen wurde anfänglich das Abdampfen von gasförmigem Wasserstoff aus dem Speichertank des Fahrzeugs angesehen. Ausgehend von neuesten Erkenntnissen aus dem Testbetrieb der Fahrzeuge und den daraus abgeleiteten konstruktiven Maßnahmen konnte aber die Abdampfrate so klein gehalten werden, daß keine Probleme mehr bestehen.

Beim Einsatz von $LH_2$ in Kraftfahrzeugen sind allerdings einige zusätzliche Sicherheitsmaßnahmen notwendig, vor allem im Hinblick auf eventuell mögliche Unfälle und den dabei denkbaren Leckagen des Speichertanks. Hierfür wurden in den bereits vorhandenen Versuchsfahrzeugen, von denen einige noch etwas näher vorgestellt werden, entsprechende Vorkehrungen getroffen oder konzipiert.

Da das Mitführen von Wasserstoff an Bord von Fahrzeugen als grundsätzlich technisch gelöst angesehen werden kann, bleibt die Frage zu beantworten, welche Antriebsvarianten für ein Wasserstoffauto denkbar sind. Aus heutiger Sicht bieten sich dafür folgende Möglichkeiten an:

- Verbrennungsmotor mit innerer Verbrennung,
- Verbrennungsmotor mit äußerer Verbrennung (Stirlingmotor),
- Elektromotor in Kombination mit Brennstoffzellen.

Die nachstehenden Ausführungen werden sich etwas näher mit diesen Möglichkeiten befassen.

Für den Einsatz von LH$_2$ in *Verbrennungsmotoren mit innerer Verbrennung* eignet sich vorzugsweise der Ottomotor, wobei keine nennenswerten Veränderungen am Motor selbst erforderlich sind. Lediglich für diejenigen Teile des Antriebssystems, die mit dem LH$_2$ direkt in Berührung kommen, beispielsweise die Förderpumpe und die Einspritzelemente, macht sich die Verwendung spezieller kältebeständiger Werkstoffe erforderlich. Herkömmliche Materialien würden durch das Temperaturniveau des tiefkalten LH$_2$ rasch verspröden und sind damit ungeeignet. Einer Bildung von Stickoxiden in den Motorabgasen, die durch die höhere Verbrennungstemperatur des Wasserstoffs gegenüber dem Benzin zu erwarten ist, kann durch einen Betrieb des Motors mit Luftüberschuß entgegengewirkt werden. Die dazu erforderliche Gemischbildung von Luft und Wasserstoff kann entweder auf äußerem oder auf innerem Weg erfolgen. Im erstgenannten Fall wird der Wasserstoff in das Saugrohr eingeblasen, wodurch der Motor ein homogenes Wasserstoff-Luft-Gemisch ansaugen kann. Bei der inneren Gemischbildung gelangt der Wasserstoff direkt in den Brennraum des Motors. Diese beiden unterschiedlichen Möglichkeiten der Gemischbildung finden sich bei den Motoren für alle Einsatzvarianten des Wasserstoffs wieder (LH$_2$, gasförmiger Wasserstoff oder Wasserstoff-Benzin-Gemisch).

Arbeiten an einem Versuchsfahrzeug mit flüssigem Wasserstoff als Kraftstoff wurden zu Beginn der 80er Jahre u. a. von dem Automobilhersteller BMW aufgenommen. Dazu wurde zunächst ein serienmäßiger BMW 745 i und später ein BMW 745 iL entsprechend umgerüstet (Abb 23). Im Kofferraum bzw. hinter dem Rücksitz (BMW 745 iL) des Fahrzeuges befindet sich ein doppelwandiger, vakuumisolierter Behälter in zylindrischer Form mit einem Innentank-

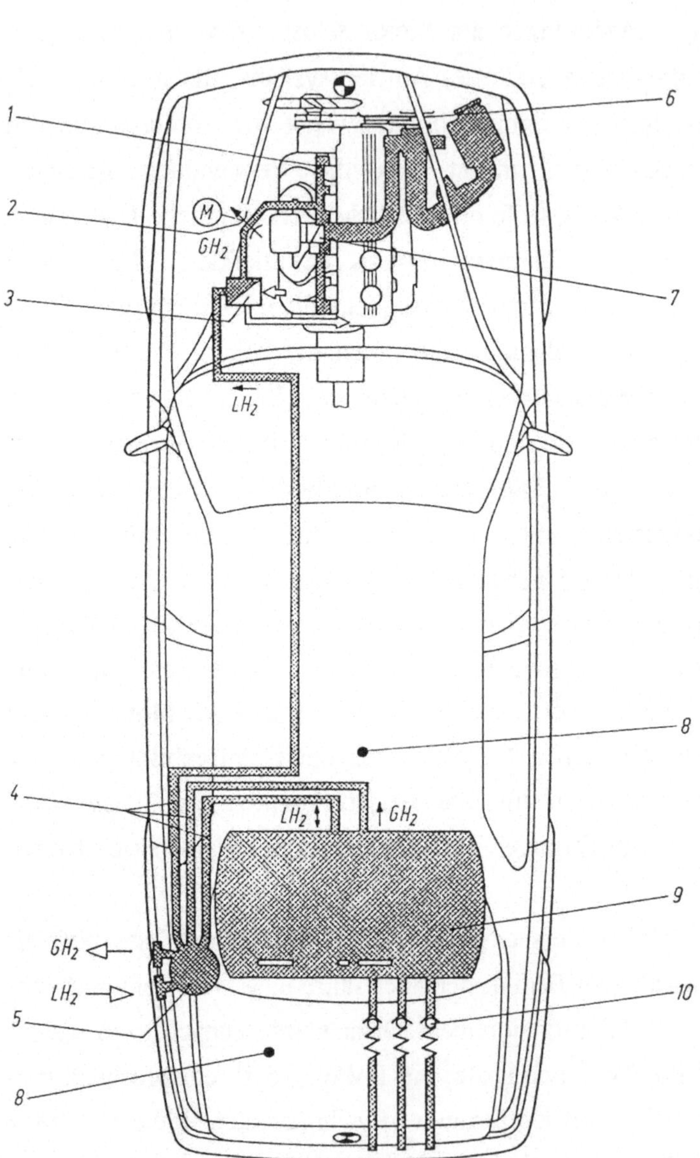



*1 Wasserstoffeinblasdüsen; 2 Dosierventil zur Leistungssteuerung; 3 LH₂-Verdampfer; 4 Wasserstoffrohrleitungen; 5 Ventilkasten für LH₂-Betankung und -Entnahme; 6 Mechanischer Kreisellader; 7 Drosselklappe für Benzinbetrieb; 8 Wasserstoffsensoren für automatische Lecküberwachung; 9 LH₂-Tank; 10 Überström- und Sicherheitsventile*

Abb. 23  Anordnung der Komponenten im BMW 735i mit Wasserstoffantrieb  (nach Regar, Fickel und Pehr)

volumen von 93 l und einem maximal zulässigen Tankdruck von 0,5 MPa. Im Isolationsvakuum sind 70 Lagen Aluminiumfolie im Wechsel mit Glasfibermatten auf den Innentank aufgebracht. Zwischen diesen Isolierschichten liegen zwei vom verdampfenden Wasserstoff gekühlte Strahlungsschilder. Zeitweise wurde sogar der Einsatz eines 130-Liter-Tanks mit gleichem konstruktivem Aufbau getestet, in dem der $LH_2$ bei einem Druck von 0,2 MPa gespeichert wird. Trotz der beschriebenen hochwertigen Isolationstechnik führt der auftretende Restwärmeeinfall zu einem stetigen Verdampfen von Wasserstoff. Bei stehendem Fahrzeug werden dadurch maximal 2 % der Tankfüllung je Tag über Sicherheitsventile (Abb. 23) an die Umgebung freigesetzt. Bei der Fahrt des Wagens regelt ein im Tank integrierter elektrischer Verdampfer den Tankdruck auf den Sollwert.

Aus dem Tank wird der tiefkalte $LH_2$ mittels des Tankdrucks durch den Kühlwasser-Wasserstoff-Wärmetauscher gefördert, dort teilweise verdampft und dem elektrisch betätigten zentralen Dosierventil zugeleitet. Dieses stellt eine kompakte Einheit mit Verteileranlage für die saugrohrindividuelle Einblasung dar, so daß die Gefahr von Wasserstoffleckagen weitgehend ausgeschlossen ist. Nach Beendigung der Luftansaugung im Motor wird von hier aus der noch immer tiefkalte Wasserstoff direkt in den Brennraum eingespritzt bzw. eingeblasen. Als Antriebsmaschine kommt ein Sechszylindermotor mit 3,5 l Hubraum und einer Leistung von 150 kW zum Einsatz. Wie die bisherigen Testfahrten gezeigt haben, erzielt das Fahrzeug mit einem Tankinhalt $LH_2$ eine Reichweite von annähernd 300 km. Um diesen Aktionsradius noch zu vergrößern, wurde - vor allem wegen der wenigen vorhandenen Betankungsmöglichkeiten für $LH_2$ - bei einigen Testfahrzeugen die serienmäßige Kraftstoffversorgung mit einem 100-Liter-Benzintank beibehalten. Das Fahrzeug kann also in zwei unterschiedlichen Regimen betrieben werden.

Neben der Nutzung von reinem $LH_2$ ist bei Motoren mit innerer Verbrennung auch der Betrieb mit einem Wasserstoff-Benzin-Gemisch möglich. Bereits vor mehr als zwei Jahrzehnten wurde eine solche Variante mit Erfolg u. a. in der früheren Sowjetunion getestet. Die Sibirische Abteilung der Akademie der Wissenschaften der UdSSR setzte zu dieser Zeit ein Fahrzeug vom Typ GAS 652 für die Erprobung der Fahreigenschaften eines Wasserstoff-Benzin-Gemisches ein. Während der Versuchsfahrten wurde festgestellt, daß bereits eine Wasserstoffzumischung von deutlich < 10 % zu einer Erhöhung des Motorwirkungsgrades und zu einer erheblichen Benzineinsparung führt. Analoge Versuche, die etwa zur gleichen Zeit in den USA mit herkömmlichen Serienmotoren und dem gleichen Kraftstoffgemisch durchgeführt wurden, erbrachten ähnliche Ergebnisse. Die Vorteile des Einsatzes von Wasserstoff-Benzin-Gemischen liegen aus heutiger Sicht vor allem in

- einer deutlichen Kraftstoffeinsparung (Benzin), vorrangig im Teillastbereich,
- einer geringeren Speichermasse als beim Einsatz von reinem Wasserstoff als Energieträger,
- einer größeren Reichweite des Fahrzeuges, als dies bei reinem Wasserstoffbetrieb möglich ist.

Aber auch mit den Testfahrten, die ausschließlich mit Wasserstoff durchgeführt wurden, ergaben sich bei den entsprechenden Langzeittests zufriedenstellende Ergebnisse. Sie wurden vor allem in den USA und in Westeuropa mit Wagen der gehobenen Mittelklasse durchgeführt.

Etwa auf dem gleichen technischen Stand befindet sich die Entwicklung eines Antriebskonzeptes auf der Grundlage von *Motoren mit innerer Verbrennung für gasförmigen Wasserstoff*. Als Speicherelement für den Wasserstoff werden dabei ausschließlich Hydridspeicher verwendet. Hinsichtlich der Motore gibt es bei diesem Antriebskonzept ebenfalls nur geringe technische Probleme. Sind doch Gasmotore, beispielsweise für Erdgas, auch im Fahrzeugbau bereits häufig anzutreffen. Nicht ganz so weit gediehen ist allerdings die Entwicklung leistungsfähiger Hydridspeicher für derartige Zwecke.

Wie in Abschn. 3.1.3 bereits dargelegt, wird bei der chemischen Bindung des Wasserstoffs an ein Metall oder ein Metallgemisch eine bestimmte Wärmeenergie freigesetzt. Zur Entladung des Hydridspeichers, also für eine Wasserstoffentnahme zum Betrieb des Motors, muß diese Wärmemenge dem Metallhydrid wieder zugeführt werden. Um dies ohne eine zusätzliche Wärmequelle zu ermöglichen, werden für Kraftfahrzeuge vorrangig Tieftemperaturhydride wie $TiFeH_2$ oder $CaNi_5H_6$ verwendet. Sie weisen zwar eine relativ geringe Energiedichte auf, dafür kann aber die Entladung des Wasserstoffs in einem Temperaturbereich von -30 bis 100 °C erfolgen (Abschn. 3.1.2). Zum Start des Motors werden die geringen Wasserstoffmengen genutzt, die bereits bei Umgebungstemperaturen freigesetzt werden. Für eine weitere Wasserstoffentnahme aus dem Hydridspeicher werden die heißen Motorabgase und/oder das Kühlwasser durch denselben geleitet, wodurch es zur weiteren Freisetzung von Wasserstoff kommt.

Einige Konzepte sehen die Verwendung einer Kombination aus TTH und HTH als Speicherelement vor. In diesem Falle kann der Motor ebenfalls mit dem aus dem TTH bei Umgebungstemperatur freigesetzten Wasserstoff gestartet werden. Zur weiteren Wasserstoffzufuhr wird dann das Kühlwasser dem TTH-Teil des Hydridspeichers zugeführt. Dessen Wärmeenergie reicht dort zur Wasserstofffreisetzung aus. Die ein höheres Temperaturniveau aufweisenden Motorabgase werden dagegen nur durch den HTH-Teil geleitet. Bei einer Temperatur von rund 300 °C kommt es dabei zur Entladung des Wasserstoffs. Da HTH eine um etwa das Dreifache höhere Energiedichte als die TTH aufweisen, gibt es aber auch Vorstellungen, nur sie allein für die Wasserstoffspeicherung an Bord von Kraftfahrzeugen zu verwenden. Allerdings wird dann, wegen des bei ihnen erforderlichen höheren Temperaturniveaus für die Wasserstoffbe- und Wasserstoffentladung, eine zusätzliche Wärmequelle notwendig, beispielsweise ein Ölbrenner. Alle bisherigen Versuche in dieser Richtung haben nämlich gezeigt, daß die Wärmeenergie der Abgase und des Kühlwassers allein nicht in jedem Fall ausreicht, um die für den Betrieb eines Verbrennungsmotors, vor allem eines solchen mit Luftkühlung, erforderliche Wasserstoffmenge aus einem HTH ohne eine solche zusätzliche Wärmequelle entnehmen zu können. Da aber der Einbau eines Ölbrenners zu einer weiteren Gewichtserhöhung des Fahrzeugs führt, wird die ausschließliche Verwendung von HTH in Kraftfahrzeugen gegenwärtig nicht in der Praxis erprobt. Auch für die Zukunft gilt dieser Weg als nicht besonders aussichtsreich.

Hydridspeicher für Kraftfahrzeuge bestehen bei ihrem derzeitigen Entwicklungsstand entweder aus Rohrbündeln, die im Inneren mit einem pulverförmigen Metall oder Metallgemisch gefüllt sind und über die Außenfläche der jeweiligen Rohre mit der für die Wasserstoffentladung erforderlichen Wärmeenergie versorgt werden, oder sie arbeiten nach dem Prinzip des inneren Wärmeaustausches. Bei diesem besteht der Hydridspeicher aus einem Behälter, der mit einem pulverförmigen Metall oder Metallgemisch gefüllt ist. Direkt durch dieses Pulver werden die Rohrbündel für die Wärmeversorgung zur Wasserstofffreisetzung geführt. In beiden möglichen und in der Praxis bereits erprobten Varianten (Abb. 24) müssen die Wärmetauscherflächen so ausgelegt sein, daß der für eine kontinuierliche Wasserstoffentladung benötigte Wärmeumsatz gewährleistet ist. Hinsichtlich der Unterbringung des Metallhydridspeichers im Fahrzeug gibt es mehrere Möglichkeiten. Bevorzugt wird derzeit eine Installation im Heck oder unter einer Sitzbank im Fahrgastraum.

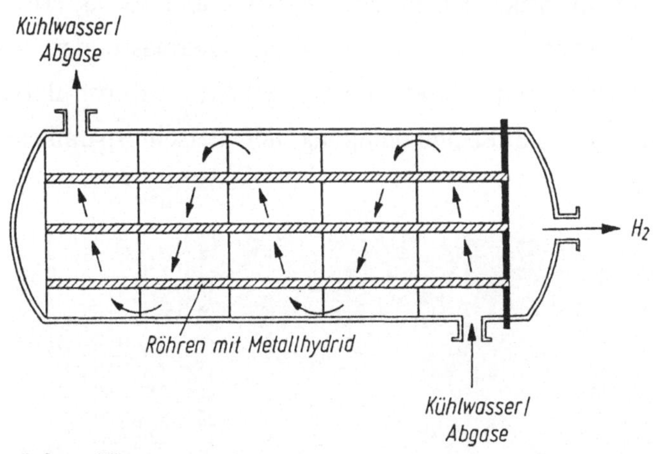


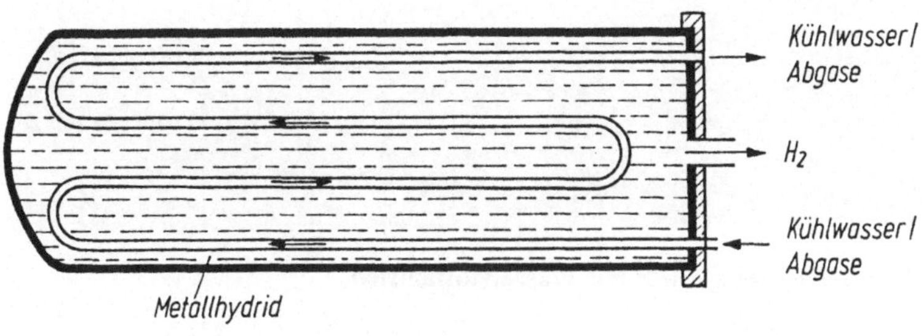


**Abb. 24** Schematische Darstellung der Möglichkeiten der Entladung eines Metallhydridspeichers

Beim gegenwärtigen Entwicklungstand der Hydridspeicher kann bei ihrer Verwendung nur ein geringer Teil der üblicherweise in Form von Benzin oder Dieselkraftstoff in den Fahrzeugtanks enthaltenen Energiemenge an Bord der Fahrzeuge mitgeführt werden. Das liegt vor allem in der generell geringeren Energiedichte der Metallhydride gegenüber anderen Speicherformen begründet (Abb. 22). Sie liegt nur zwischen 500 und 1.000 Wh/kg. Um beispielsweise ein Äquivalent von 50 l Benzin in Form von Wasserstoff verfügbar zu haben, wäre ein Hydridspeicher mit einer Masse von $\geq 10^3$ kg erforderlich. Logischerweise würde sich dann die Leermasse der betreffenden Fahrzeuge um diesen Betrag erhöhen. Konstruktive Veränderungen und eine Beeinträchtigung der Leistungsparameter wären die Folge.

Abb. 25 Mercedes-Benz 230 E mit Wasserstoffantrieb

Aus diesem Grunde sehen die derzeitigen Konzepte die Verwendung von Hydridspeichern mit einer Masse von höchstens 300 kg vor.

Aber in einem solchen Speicher kann selbst im günstigsten Fall nur ein Benzinäquivalent von weniger als 20 l untergebracht werden. Dies wiederum führt zu einer deutlichen Reduzierung der heute mit einer Tankfüllung üblichen Reichweite von Kraftfahrzeugen. Wasserstoffgetriebene Fahrzeuge mit einem Hydridspeicher werden daher zunächst vorrangig für den Kurzstreckenverkehr mit Reichweiten von maximal 150 bis 200 km vorgesehen. Mögliche Einsatzgebiete wären trotz dieser eingeschränkten Reichweite u. a. der medizinische Hausbesuchsdienst, der Apotheken-Schnelldienst, die Post oder der innerstädtische Verkehr.

Abb. 26 Blick unter die Motorhaube des Mercedes-Benz 230 E mit Wasserstoffantrieb

Erste praktische Versuche zum Betrieb von Fahrzeugen mit Hydridspeichern wurden schon vor mehr als einem Jahrzehnt unternommen. So rüstete man bereits Ende der 70er Jahre in der früheren Sowjetunion einen Lada 2101 mit einem Hydridspeicher aus und kam dabei auf Reichweiten von bis zu 120 km mit einer Speicherladung. Die Daimler-Benz AG testete etwa zur gleichen Zeit Hydridspeicher in Serienfahrzeugen. Sie entwickelte dazu einen Wasserstoffspeicher aus einer Kombination von TTH und HTH, dessen Energieinhalt dem eines 20-l-Benzintanks entspricht. In Berlin wurden ab 1980 rund 30 Versuchsfahrzeuge mit Wasserstoffantrieb getestet. Zwanzig dieser Kraftwagen vom Typ Mercedes 230 E (Abb. 25 und 26) fuhren mit Wasserstoff aus bordeigenen Hydridspeichern.

*Tabelle 12*      *Vergleich der Daten von zwei Versuchsfahrzeugen mit Wasserstoffantrieb und Hydridspeicher*

| | Mercedes-Benz 280 TE (PkW) | Mercedes-Benz 310 (Transporter) |
|---|---|---|
| Motor | 2,8-l-Ottomotor | 2,3-l-Ottomotor |
| Leistung (kW/PS) | 120/163 | 75/102 |
| Gemischbildung | innere, elektrisch gesteuert | äußere |
| Speichersystem | 2 TTH-Speicher | 4 TTH-Speicher |
| Masse (kg) | 280 | 560 |
| Benzinäquivalent (l) | 11 | 22 |
| Benzinzusatztank (l) | 35 | ohne |
| Höchstgeschwindigkeit (km/h) | 185 | 130 |
| Reichweite im Stadtverkehr (km) | 150 | 100 |

Ähnliche Tests wurden im Rahmen des gleichen Versuchsprogramms in Stuttgart und an der Universität Kaiserslautern durchgeführt. Zum Einsatz kamen dabei elf  Mercedes 280 TE, die ausschließlich mit

TTH ausgerüstet waren (Tab. 12). Die Masse dieser Speicher betrug jeweils 280 kg bei einem Speicherinhalt von 3,6 kg Wasserstoff. Diese Parameter sprechen für sich und unterstreichen nochmals eindeutig das bereits erwähnte Hauptproblem bei der Nutzung von Wasserstoff in Kraftfahrzeugen: die erhebliche Masseerhöhung, die von den entsprechenden Speicherelementen verursacht wird.

Dennoch haben die in den Test der Daimler-Benz AG und ihrer Partner in Stuttgart und Berlin einbezogenen wasserstoffgetriebenen Fahrzeuge der unterschiedlichsten Typen es immerhin auf die respektable Gesamtfahrstrecke von rund 667.500 km gebracht. Daraus aber den Schluß zu ziehen, daß derartige Fahrzeuge schon bald zum Alltag auf unseren Straßen gehören, wäre allerdings falsch.

Ein Anwendungsgebiet des Hydridspeichers im Zusammenhang mit einem Verbrennungsmotor sei hier noch kurz erwähnt. Wie bereits dargelegt, nimmt ein solcher Speicher bei der Wasserstoffentladung eine bestimmte Wärmemenge auf und speichert sie in dem Metall bzw. Metallgemisch (Abschn. 3.1.2). Dabei werden die durch den Hydridspeicher strömenden Abgase und/oder das Kühlwasser abgekühlt. Gleiches kann nun mit der Luft aus dem Fahrgastraum erreicht werden, wenn sie bei ihrer Umwälzung durch den Hydridspeicher geleitet wird. Auf diese Weise läßt sich der Speicher, insbesondere der TTH-Speicher, ohne Leistungseinbuße des Motors und ohne die Installation einer konventionellen Klimaanlage zur Klimatisierung des Fahrgastraumes nutzen. Die Kühlleistung eines 50-kW-Motors beträgt im Zusammenwirken mit einer Hydridbatterie im Leerlauf etwa 1,5 kW und bei Vollast 15 kW. Das reicht für die vollständige Klimatisierung eines Fahrzeugs aus.

Noch vor rund zwei Jahrzehnten wurde der Nutzung von Stirlingmotoren generell und damit natürlich auch in Verbindung mit Was-

serstoff als Energieträger kaum eine Chance eingeräumt. Zu ausge-
prägt waren die Nachteile dieses Antriebssystems,  vor allem seine
hohe Masse; zu wenig hatte man sich in all den Jahren zuvor mit der
Technik des Stirlingmotors und seiner eventuellen Eignung als Antriebsmaschine für den Straßenverkehr befaßt. Die danach einset-
zende intensive technische Weiterentwicklung auf diesem Gebiet -
vor allem die Verwendung neuer Werkstoffe für den Stirlingmotor -
hat diesen "Methusalem" unter den Antriebsmaschinen wieder in das
Interesse der Wissenschaftler und Techniker gerückt.

Bereits im Jahre 1816 erhielt der schottische Geistliche Robert Stirling (1790-1878) das erste Patent für den später nach ihm benannten
Motor. Der technische Autodidakt wollte mit seiner Erfindung eine
Alternative für die in jener Zeit noch sehr teuren, vor allem aber
sehr störanfälligen Dampfpumpen schaffen, die in den Bergwerken
seiner Heimat für die Wasserhebung eingesetzt wurden. Immer wieder war es zu verheerenden Kesselexplosionen gekommen. Dabei
mußten oft Dutzende von Bergleuten ihr Leben lassen oder wurden
verstümmelt. In einer Art tätiger Nächstenliebe sann der als Gemein-
depfarrer tätige technisch interessierte Geistliche darüber nach, wie
sich dieser Mißstand durch die Verwendung geeigneterer Antriebs-
vorrichtungen abstellen ließe.

Bei seinen Überlegungen ging Reverend Robert Stirling davon aus,
daß sich erhitzte Luft ebenso ausdehnt wie Dampf und daher in einem Zylinder einen Kolben niederdrücken könnte, ohne gleichzeitig
das Risiko von Kesselexplosionen in sich zu bergen. Der von ihm
geschaffene und erstmals 1818 zum Antrieb einer Wasserpumpe ge-
nutzte Motor besteht in seiner einfachsten Bauweise aus einem Ar-
beits- und einem Kompressionszylinder mit je einem Kolben, deren
Pleuls auf einem gemeinsamen Punkt eines Wellenzapfen arbeiten.

Die beiden Zylinder sind V-förmig angeordnet, und zwischen ihnen besteht oberhalb der Kolben eine direkte Verbindung. In sie wurden bei später ausgeführten Modellen auf Vorschlag von Stirling ein Regenerator und ein Kühler integriert (Abb. 27).

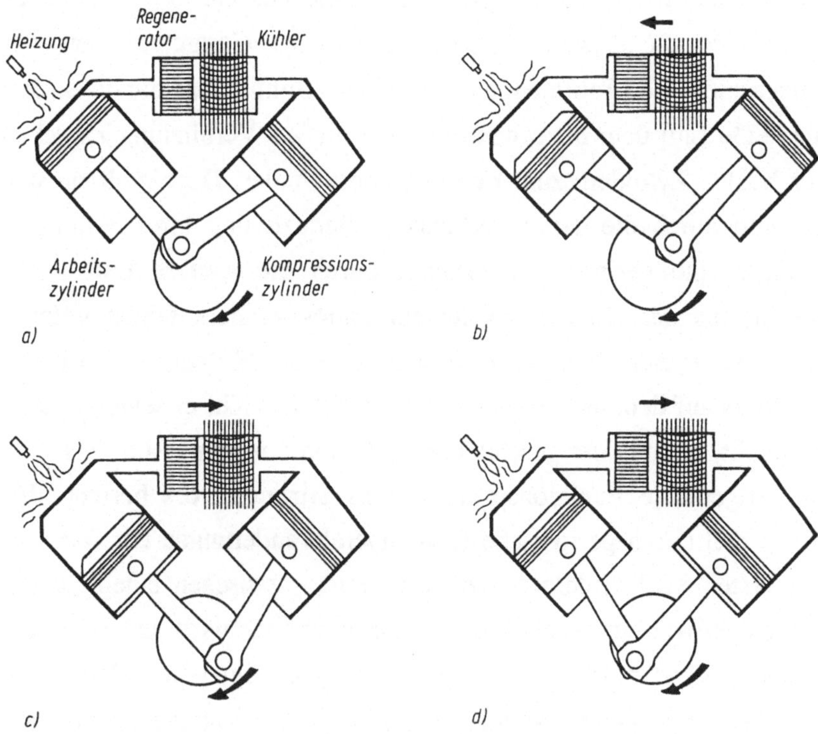


Abb. 27 Funktionsprinzip eines Zweizylinder-Stirlingmotors

Beim Betrieb eines Stirlingmotors wird dessen Arbeitszylinder mit Hilfe einer offenen Flamme permanent von außen beheizt (Abb. 27). Die in ihm eingeschlossene Luft dehnt sich dadurch aus und drückt den Kolben nach unten. Über den Pleul wird diese Bewegung auf den Wellenzapfen übertragen, er beginnt sich in Uhrzeigerrichtung zu drehen (a). Dadurch bewegt sich aber gleichzeitig der Kolben des

Kompressionszylinders nach oben, und die dort eingeschlossene kalte Luft wird in den Arbeitszylinder gepreßt (b). Hier erwärmt sie sich, dehnt sich aus und drückt den Kolben des Arbeitszylinders bis zu dessen Totpunkt herunter. Ist dieser erreicht, befindet sich der Kolben des Kompressionszylinders gerade auf halbem Wege nach unten (c). In diesem Augenblick ist das Gesamtvolumen der eingeschlossenen Luftmenge am größten. Unmittelbar darauf strömt die heiße Luft über die schon erwähnte direkte Verbindung zwischen den beiden Zylindern zum Kompressionszylinder. Dort kühlt sie sich ab, und durch die damit verbundene Reduzierung ihres Volumens entsteht eine geringe Sogwirkung, durch die weitere Luft nachströmt, bis der Kolben des Kompressionszylinders seinen unteren Totpunkt erreicht hat. Jetzt befindet sich der Kolben des Arbeitszylinders auf dem halben Aufwärtsweg (d). Erreicht er seinen oberen Totpunkt, beginnt der geschilderte Ablauf von neuem (Abb. 27).

Das allgemeine Funktionsprinzip eines Stirlingmotors besteht also darin, daß durch periodische Gastemperaturänderungen ein Gas - in den ersten Stirlingmotoren war dies Luft - zwischen einem kalten und einem warmen Raum hin- und hergeschoben wird und dabei die beiden Kolben bewegt. Die Wärmezufuhr erfolgt von außen, weshalb auch von einem Motor mit äußerer Verbrennung gesprochen wird. Anfänglich wurden feste, später auch flüssige und gasförmige Brennstoffe zur Bereitstellung der Wärmeenergie genutzt. Für spezielle Aufgaben werden moderne Stirlingmotoren heute auch mit der Zerfallswärme von Radionukliden oder mit der Wärme der konzentrierten Sonnenstrahlung betrieben.

Die ersten Stirlingmotoren erreichten nur Wirkungsgrade von maximal  3 %. Das war vor allem darauf zurückzuführen, daß man mit der Technik jener Zeit noch keine gasdichten Kolben anfertigen konnte. Dennoch wurde der Stirlingmotor schon sehr bald in großen Stückzahlen gewerblich genutzt und parallel dazu natürlich auch ständig an seiner Vervollkommnung gearbeitet. Eine beträchtliche Erhöhung des Motorwirkungsgrades konnte erzielt werden, als Stirling in die Luftleitung zwischen den beiden Zylindern ein mit Kupferspänen gefülltes Rohr einbrachte. Die Kupferspäne entzogen der heißen Luft aus dem Arbeitszylinder beim Durchströmen einen Teil der Wärmeenergie und gaben diese an die anschließend in der Gegenrichtung fließende kalte Luft aus dem Kompressionszylinder wieder ab. Dieser einfache Kurzzeit-Wärmespeicher vergrößerte so die nutzbare Temperaturdifferenz zwischen warmer und kalter Seite des Motors und bewirkte dadurch eine Erhöhung des Wirkungsgrades. Durch die bereits erwähnte spätere Einordnung eines Kühlers und eines Regenerators (Abb. 27) konnte dieser Effekt noch erheblich verstärkt werden. Zugleich war damit der Stirlingmotor in einer noch heute eingesetzten Variante seines konstruktiven Aufbaus geschaffen.

Mitte des vorigen Jahrhunderts wurden Stirlingmotore mit kleiner und mittlerer Leistung zu Tausenden in Industrie und Gewerbe verwendet. Sie dienten zum Antrieb von Maschinen und Vorrichtungen und zeichneten sich dabei durch einen geringen Wartungsaufwand und eine lange Lebensdauer aus. Allerdings waren sie zugleich auch sehr schwer und vor allem hinsichtlich ihrer Anschaffung sehr teuer. Diese beiden schwerwiegenden Nachteile gaben letztendlich auch den Ausschlag dafür, daß der Stirlingmotor bald nach der Erfindung der Motoren mit innerer Verbrennung, vor allem aber mit dem Vormarsch der Elektromotoren, in Vergessenheit geriet. Und das so gründlich, daß eine Zeit lang selbst moderne

Lexika nur in wenigen Fällen den Namen des rührigen Geistlichen und seines Motors als Stichwort enthielten.

Erst mit dem von einem niederländischen Rundfunkkonzern für Spezialzwecke entwickelten Einzylinder-Doppelkolben-Stirlingmotor Anfang der 30er Jahre unseres Jahrhundert wurden von einigen Entwicklungslabors die Arbeiten an dieser interessanten Antriebsmaschine wieder aufgenommen. Moderne Werkstoffe ermöglichten dann einen Durchbruch in Richtung des Baus großer und leistungsfähiger Mehrzylinder-Stirlingmotore für stationäre Antriebe. Deren Zylinder bestehen aus keramischen Werkstoffen, und sie arbeiten in Temperaturbereichen bis zu 1.400 °C. Dabei werden in den Zylindern spezielle Gase unter hohen Drücken verwendet. Solche modernen Stirlingmotore erreichen Wirkungsgrade von annähernd 42 %.

Gegenwärtig gibt es auch schon Versuche, Stirlingmotore in Fahrzeugen einzusetzen und mit herkömmlichen Kraftstoffen für die Bereitstellung der erforderlichen Wärmeenergie zu betreiben. So begann bei der Stirling Motors Europe in Schweden im Jahre 1988 die Fertigung einer Kleinserie eines 40-kW-Vierzylinder-Stirlingmotors. In den USA wurde ein Stirlingmotor von 60 kW Leistung für Kraftfahrzeuge entwickelt, und in Japan rollen schon seit einiger Zeit Versuchsmodelle des Automobilkonzerns Toyota, mit einem Stirlingmotor ausgerüstet, abgasarm und nahezu geräuschlos über die Straßen. In ihrem Fahrverhalten unterscheiden sie sich kaum von den herkömmlichen Personenkraftwagen. Nur für die Insassen mag der Gedanke, daß unter der Motorhaube gewissermaßen eine offene Flamme zur Bereitstellung der für den Betrieb des Motors notwendigen Wärmeenergie brennt, etwas ungewöhnlich sein.

Anstelle der gegenwärtig in den Versuchsfahrzeugen mit Stirlingmotor genutzten flüssigen und gasförmigen Kohlenwasserstoffe, die mit

Luftüberschuß verbrannt werden, wodurch sehr geringe Schadstoffemissionen erreicht werden, läßt sich nach Meinung der Techniker ohne weiteres auch Wasserstoff verwenden. Seine Mitführung an Bord des Fahrzeuges könnte als $LH_2$ oder in einem Hydridspeicher erfolgen. Wann allerdings ein auf diese Weise angetriebenes Fahrzeug seine Probefahrt absolvieren wird, ist derzeit noch unklar.

Vorrangig für Motore mit einer Leistung von mehr als 250 kW bietet sich das Konzept des *Gasturbinenantriebs mit Wasserstoff* als Energieträger an. Derartige Antriebssysteme sollen nach den bisherigen Vorstellungen für den Schwerlastverkehr auf der Straße, aber auch in Schienenfahrzeugen und im Schiffsverkehr zur Anwendung gelangen (Abschn. 4.4.3). Derzeit gibt es dafür aber noch keine Versuchsfahrzeuge. Zu beachten ist, daß die Abwärme von Gasturbinen in der Regel ein Temperaturniveau von < 300 °C aufweist, so daß die Wasserstoffspeicherung entweder als $LH_2$ oder in TTH erfolgen muß. Davon ausgehend ist festzustellen, daß die Kombination Gasturbine - TTH-Speicher dem Konzept Ottomotor - TTH-Speicher bezüglich der Masse und damit auch dem spezifischen Kraftstoffverbrauch stets deutlich unterlegen sein wird.

Schließlich soll noch auf ein Antriebskonzept mit Wasserstoff als Energieträger eingegangen werden, bei dem man sich auf die gerade in jüngster Zeit gesammelten umfangreichen Erfahrungen mit dem Betrieb moderner Elektromobile stützt. Erinnert sei in diesem Zusammenhang  nur an solche leistungsfähige Elektroflitzer wie den Pöhlmann EL (Abb. 28) oder den CitySTROMER. Beide Modelle wurden in der Mitte der 80er Jahre in Deutschland entwickelt. Bereits mit herkömmlichen Blei-Säure-Batterien als Energiespeicher erzielten sie Reichweiten von 120 km und Spitzengeschwindigkeiten von mehr als 120 km/h. Anstelle der elektrochemischen Batteriesysteme als Quelle für die benötigte Elektroenergie könnten die Elektrofahrzeuge nach den Vorstellungen der Wissenschaftler und Techniker mit modernen Brennstoffzellenanlagen (Abschn. 4.2) ausgerüstet werden. Diese sollen, gespeist mit reinem Wasserstoff oder auch mit Erdgas, die Elektroenergie für leistungsfähige Gleichstromreihenmotoren direkt an Bord des Fahrzeuges bereitstellen. Der Wasserstoff kann dabei sowohl in flüssiger Form als auch in einem Hydridspeicher mitgeführt werden.

Abb. 28 Elektroauto Pöhlmann EL

Die Vorteile eines solchen Antriebssystems liegen vor allem in seinem relativ hohen Wirkungsgrad und in der Tatsache, daß keine oder nur verschwindend geringe Schadstoffemissionen auftreten. Nachteilig wirken sich allerdings die hohen Investitionskosten und die große Masse eines solchen Systems aus. Nach den bisher bekanntgewordenen Konzepten würden zu diesem Antriebssystem neben dem Speicher für den Wasserstoff oder das Erdgas, der Brennstoffzellenanlage und dem Motor für den eigentlichen Antrieb häufig noch herkömmliche oder fortgeschrittene Hochleistungsbatterien zur Zwischen- oder Zusatzspeicherung von Elektroenergie gehören. Nicht zuletzt aus diesen Gründen fördert die EG im Rahmen des JOULE II-Programms[24] auch die Entwicklung von Elektrofahrzeugen mit Brennstoffzellen und modernen Batteriesystemen.

In den USA laufen schon seit Beginn der 80er Jahre bei der Englehard Corporation Versuche, in enger Zusammenarbeit mit dem Chrysler-Konzern ein derartiges Antriebssystem für kleinere Busse im innerstädtischen Nahverkehr einzusetzen. Dabei ist vorgesehen, eine Brennstoffzellenanlage mit einer elektrischen Leistung von 30 kW auf der Basis luftgekühlter Phosphorsäurezellen mit einem fortgeschrittenen Batteriesystem (Speichervermögen 30 kWh) zu kombinieren. Der Bus ist für 23 Fahrgäste ausgelegt und soll eine Höchstgeschwindigkeit von rund 100 km/h erreichen können. Untersucht wird im Rahmen eines entsprechenden Testprogramms auch der Einsatz flüssiggekühlter Phosphorsäurezellen, die zwar eine größere Masse, dafür aber auch eine höhere Leistungsdichte aufweisen und leichter gesteuert werden können. Die Abwärme aus den Brennstoffzellen soll für die Verdampfung des jeweiligen Energieträgers (verflüssigtes Erdgas oder $LH_2$) genutzt werden. Für die fernere Zukunft ist schließlich daran gedacht, anstelle der Brennstoffzellen mit flüssiger Phosphorsäure als Elektrolyt solche mit

---

[24] Das JOULE II-Programm der EG würde im Herbst 1991 gestartet und befaßt sich mit Forschungs- und Entwicklungsarbeiten zu nichtnuklearen Energietechniken.

sauren Ionentauschergruppen (Abschn. 4.2) zu verwenden. Mit ihnen könnten dann größere Busse mit erhöhter Reichweite betrieben werden.

In einem ähnlichen  Projekt wurde von Mitarbeitern des Kernforschungsinstituts Karlsruhe ein Fahrzeug auf der Basis eines VW-Transporters entwickelt. Es wurde im April 1989 der Öffentlichkeit vorgestellt. Das Fahrzeug ist mit drei alkalischen Brennstoffzellenaggregaten mit einer Gesamtnennleistung von 19 kW ausgerüstet und führt einen Vorrat von 20 m³ Wasserstoff und 10 m³ Sauerstoff in konventionellen Druckgasflaschen an Bord mit. Der Antrieb erfolgt durch einen Gleichstrommotor, dessen Leistung im Kurzzeitbetrieb 23 kW und im Dauerbetrieb 19 kW beträgt. Damit erreicht der Transporter einen Aktionsradius von 130 km bei einer Höchstgeschwindigkeit von 70 km/h. Zur technischen Ausrüstung gehört weiterhin eine konventionelle Blei-Säure-Batterie als Puffer für den Ausgleich von Stromspitzen und ein Wassersammelbehälter, der etwa 5 l "Verbrennungswasser" aufnehmen kann. Das Fahrzeug wurde über einen längeren Zeitraum hinweg im praktischen Strassenbetrieb getestet. Dabei konnten vor allem Erkenntnisse über die Eignung der eingesetzten Brennstoffzellen mit flüssiger Kalilauge als Elektrolyt gesammelt werden. Untersucht wurden aber auch das Fahrverhalten unter verschiedenen Bedingungen (Beschleunigung, Steigvermögen, Aktionsradius) und die Zuverlässigkeit der einzelnen Komponenten des Antriebssystems. Das Fahrzeug des Kernforschungsinstituts Karlsruhe ist das bisher einzige seiner Art, bei dem der Wasserstoff in Druckgasflaschen mitgeführt wird.

Ob sich allerdings die Brennstoffzellen für einen Fahrzeugantrieb auf der Grundlage von Wasserstoff in der Zukunft auch wirklich durchsetzen werden, hängt in sehr hohem Maße vom jeweiligen Stand auf dem Gebiet der Schaffung leistungsfähiger Brennstoffzellentypen mit möglichst geringer Masse und zu möglichst niedrigen Kosten ab. Eine zeitliche Prognose kann dafür aus gegenwärtiger Sicht noch nicht gegeben werden. Sicher ist aber, daß Fahrzeuge mit einem solchen Antriebssystem noch über einen längeren Zeitraum hinweg lediglich als Versuchs- und Demonstrationsmodelle für diese Möglichkeit dienen und nur in Ausnahmefällen und für bestimmte kommerzielle Zwecke genutzt werden.

## 4.4.2  Wasserstoff im Flugverkehr

Sieht man einmal von der Verwendung des Wasserstoffs als Traggas in den Luftschiffen vergangener Jahrzehnte - hier spielte er bekanntlich nur eine passive Rolle - und von seiner Nutzung als Raketentreibstoffkomponente ab, so liegen die Anfänge seiner energetischen Nutzung im Luftverkehr nur etwas mehr als ein Vierteljahrhundert zurück.

Die ersten erfolgreichen Versuche, Wasserstoff anstelle der herkömmlichen Flugkraftstoffe zu nutzen, wurden 1956/1957 von der NASA mit einer umgerüsteten zweistrahligen B 57 "Canberra" in den USA vorgenommen. Allerdings fanden die entsprechenden Tests damals nur im Horizontalflug der Maschine statt. Etwa zur gleichen Zeit testete der Luftfahrtkonzern Lockheed Triebwerke für Überschallmaschinen, in denen $LH_2$ eingesetzt wurde.

Offizielles Ziel dieser Vorhaben war es, mit dem $LH_2$ einen potentiellen Alternativtreibstoff für die Militärluftfahrt für den Fall zu erschließen, daß - aus welchen Gründen auch immer - herkömmliche Flugkraftstoffe nicht oder nicht in ausreichenden Mengen zur

Verfügung stehen würden. Zunächst also nur für militärisches Fluggerät gedacht, wurden die Konzepte für eine mögliche Verwendung von $LH_2$ als Treibstoff auch bald auf die Zivilluftfahrt übertragen. Dafür ausschlaggebend waren die unbestreitbaren Vorteile, die der $LH_2$ gegenüber den herkömmlichen Flugkraftstoffen hat. Insbesondere sein hoher massebezogener unterer Heizwert von 33,3 kWh/kg und die hohe spezifische Wärme am Siedepunkt (Tab. 13), die zur Triebwerks- und Außenhautkühlung genutzt werden kann, räumten ihm eine unbestritten führende Rolle für den künftigen Einsatz im hohen Überschallbereich ein.

*Tabelle 13    Vergleich ausgewählter Daten verschiedener Flugkraftstoffe mit $LH_2$*

|  | Kerosin | Flüssig-methan | $LH_2$ |
|---|---|---|---|
| Rel. Molekülmasse | 168 | 16,04 | 2,016 |
| Dichte am Siedepunkt (g/m³) | 0,8 | 0,423 | 0,071 |
| Siedepunkt (K) | 440...539 | 112 | 20,27 |
| Schmelzpunkt (K) | 233 | 91 | 14,4 |
| Sepzifische Wärme am Siedepunkt (Ws/kg) | 1,98 | 3,5 | 9,69 |
| Verdampfungswärme (Ws/g) | 360 | 510 | 446 |
| Unterer Heizwert (kWh/kg) | 11,9 | 13,8 | 33,3 |
| Unterer Heizwert (kWh/l) | 9,5 | 5,8 | 2,36 |

Aber auch im Unterschallbereich würde der Wasserstoffantrieb, beispielsweise für Großraumflugzeuge, bei gleicher Nutzlast und Reichweite zu einer deutlichen Verringerung der Startmasse führen (Abb. 29). Immerhin wiegt $LH_2$, bezogen auf den gleichen Energieinhalt, rund 2,6mal weniger als herkömmliche Flugkraftstoffe. Das erlaubt, trotz der im Vergleich zu Kerosin schwereren Tanks, kürzere Startstrecken und steilere Aufstiegspfade für die Maschinen. Daraus resultiert ein geringerer spezifischer Energieverbrauch je geflogenem Tonnenkilometer. Noch deutlicher werden diese günstigen Parameter natürlich im Überschallbereich (Abb. 29).

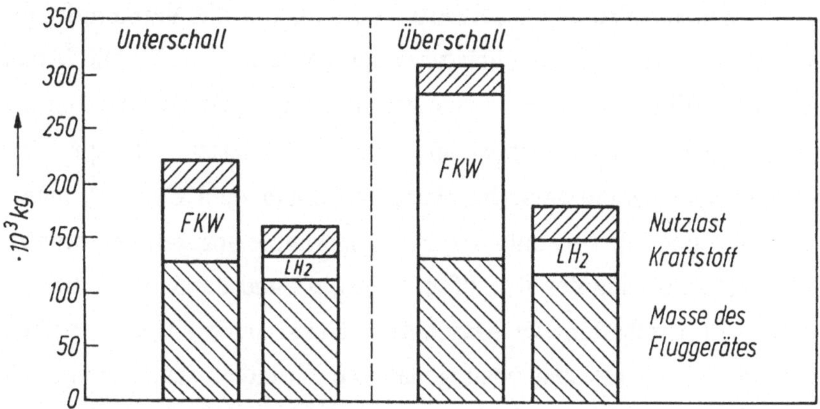


Abb. 29 Vergleich der Massenaufteilungen von Unterschall- und Überschallflugzeugen mit flüssigen Kohlenwasserstoffen und $LH_2$ als Kraftstoff

Triebwerke für Wasserstoff zeichnen sich durch eine relativ kurze Bauweise aus. Infolge der günstigen Diffusionseigenschaften und der hohen Wärmeleitfähigkeit des Wasserstoffs wird trotz der kürzeren Brennkammern eine bessere Durchmischung als bei flüssigen Kohlenwasserstoffen erreicht. Günstig wirkt sich auch der sonst als erhebliches Sicherheitsrisiko geltende große Zündbereich von Wasserstoff-Luft-Gemischen aus. Er liegt, wie schon weiter vorn erwähnt, zwischen 5 und 70 Vol.-%. Dadurch ergibt sich eine verbesserte Regelbarkeit der Triebwerke, vor allem im unteren Teillastbereich, sowie eine nur geringe Stickoxidemission.

Einige Probleme bereitet noch die Unterbringung der im Vergleich zum herkömmlichen Kerosin voluminöseren und schwereren Tanks. $LH_2$ ist zwar leichter als alle bisher genutzten Flugkraftstoffe, er erfordert aber dafür das etwa 3,75fache Speichervolumen bei gleichem Energieinhalt. Seine Unterbringung in den Flügeln, wie dies bei den derzeit genutzten Flugkraftstoffen üblich ist, läßt sich nicht realisieren, da kryogene Tanks nur eine minimale Oberfläche bei einem gegebenen Volumen aufweisen sollten, um die Verdampfungsverluste so gering wie möglich zu halten (Abschn. 3.1.3). Die bisher bekannten Konzepte sehen daher vor, die mit Schaumstoffisolierung ausgerüsteten Tanks entweder im verlängerten Rumpf der Maschinen, beispielsweise im Heck und hinter dem Cockpit, unterzubringen oder sie oberhalb der Passagierkabine anzuordnen, was zu einer Vergrößerung des Rumpfdurchmessers und damit zu veränderten Flugeigenschaften der Maschinen führt. In ihrer Form sollten sich die Tanks aus den eben genannten Gründen der Kugelgestalt möglichst weitgehend annähern. Durch eine entsprechende Verschottung der Tanksektionen zur Passagierkabine kann dabei auch für eventuelle Katastrophenfälle eine genügend hohe Sicherheit gewährleistet werden. Die Verwendung von vakuumisolierten, doppelwandigen Tanks ist wegen ihrer noch höheren Masse in Flugzeugen nicht zweckmäßig. Ebenso erweist sich die Unterbringung der $LH_2$-Tanks in Gondeln unter den Tragflächen als nicht besonders geeignet, da auf diese Weise der Luftwiderstand beträchtlich steigt und zusätzliche Maßnahmen zur Sicherung der Flugstabilität erforderlich wären.

Der erste Flugversuch eines nur mit $LH_2$ betankten Verkehrsflugzeuges erfolgte am 15. April 1988 in der damaligen UdSSR. Nach dem 21minütigen Testflug der Maschine vom Typ TU 155, einer modifizierten TU 154 M, erklärte Alexej Tupolew, der Leiter des Konstruktionsbüros, in dem die neue Maschine entwickelt wurde, daß die Versuche zielstrebig fortgesetzt werden. Nach seinen Aussagen eigne sich für die Umstellung auf $LH_2$ derzeit am besten die im Liniendienst bewährte TU 154 M. Denkbar wäre aber auch die Umrüstung einer TU 204 auf den neuen Flugkraftstoff. Der $LH_2$ wurde bei den bisherigen Flugversuchen - ihre erste Etappe wurde im Januar 1990 abgeschlossen - in speziellen Behältern in der Passagierkabine mitgeführt (Abb 30). Dabei sorgte eine große Anzahl von Sensoren dafür, daß selbst der geringste unkontrollierte Austritt von Wasserstoff sofort signalisiert wurde. Die Maschine flog mit Triebwerken vom Typ NK-88, die ein Forscherteam unter Leitung von Nikolai Kusnezow vorrangig für diese Versuche entwickelt hatte.

Abb. 30 Treibstofftanks der TU 155

Parallel zum fliegenden Gerät wurden bis Anfang 1989 auch alle erforderlichen Vorrichtungen für das Betanken und Warten der Maschine entwickelt und gebaut. Die beteiligten Forschungseinrichtungen waren sich zum damaligen Zeitpunkt allerdings darüber einig, daß bis zum kommerziellen Einsatz von Linienmaschinen mit Wasserstoff in den Tanks noch eine ganze Reihe von Jahren vergehen wird. Der $LH_2$ für diese Maschinen sollte, so sahen es die damaligen Entwicklungspläne vor, mit Hilfe der in Schwachlastzeiten überschüssigen Elektroenergie aus den heimischen Kernkraftwerken erzeugt werden. Ein Weg, der später u. a. wegen der Ereignisse von Tschernobyl nicht weiter verfolgt wurde. Diese Entscheidung mag auch einer der Gründe dafür gewesen sein, den Schwerpunkt der nachfolgenden Entwicklungsarbeiten auf ein Flugzeug zu verlagern, das mit LNG angetrieben wird. Eine solche Maschine vom Typ TU 156 soll in den nächsten drei bis vier Jahren zu ihrem Erstflug starten. Die russischen Konstrukteure verfolgen mit dieser Entwicklung das Ziel, das in großen Mengen vorhandene heimische Erdgas auch effektiv im Luftverkehr einzusetzen. Erst wenn die Entwicklungsarbeiten in dieser Richtung erfolgreich abgeschlossen sind, will man sich wieder dem wasserstoffgetriebenen Flugzeug zuwenden.

Mit einem ähnlichen Projekt befaßen sich seit einiger Zeit unter der Leitung der Deutschen Airbus mehrere deutsche Unternehmen (u.a. MBB, MTU, Deutsche Lufthansa und Dornier) in enger Zusammenarbeit mit den russischen Ingenieurbüros Tupolew und Kusnezow sowie dem Moskauer Institut NIAT. Es handelt sich dabei also um jene russischen Forscherteams, die bereits an der Entwicklung der TU 155 mitgewirkt haben. Ziel der deutsch-russischen Kooperation ist die Entwicklung eines umweltfreundlichen Flugzeuges für kryogene Treibstoffe (Methan oder Wasserstoff). Ausgangsmodell für die Entwicklungsarbeiten der Cryoplane genannten Maschine ist der Airbus A310. Auch hier handelt es sich zunächst um eine Versuchsmaschine, den sogenannten Demonstrator, mit der u. a. die Fragen der Stabilität und des Flugverhaltens, die sich aus der Umstellung auf $LH_2$ bzw. verflüssigtes Methan ergeben, geklärt werden sollen. Die Kryotanks, insgesamt sind drei, eventuell auch fünf Stück vorgesehen, werden beim Cryoplane oberhalb der Passagiersektion in den Flugzeugrumpf integriert, was zu einer deutlichen Vergrößerung des Rumpfquerschnittes führt. Dadurch wirkt die Maschine wesentlich gedrungener als das Ausgangsmodell (Abb. 31).

Abb. 31 Modell des Cryoplane

Langfristig ist vorgesehen, daß für den Cryoplan nur $LH_2$ als Antriebsenergie in Frage kommt. Die Entwicklungsarbeiten dazu erfolgen übrigens im Rahmen des bereits mehrfach erwähnten "Euro-Quebec-Projektes" (Abschn. 2.2.1). Betrachtet man in diesem Zusammenhang die gesamte Herstellungskette des $LH_2$, so kann mit

Fug und Recht gesagt werden, daß der Cryoplane in dieser Antriebsversion letztendlich mit Sonnenenergie fliegen wird.

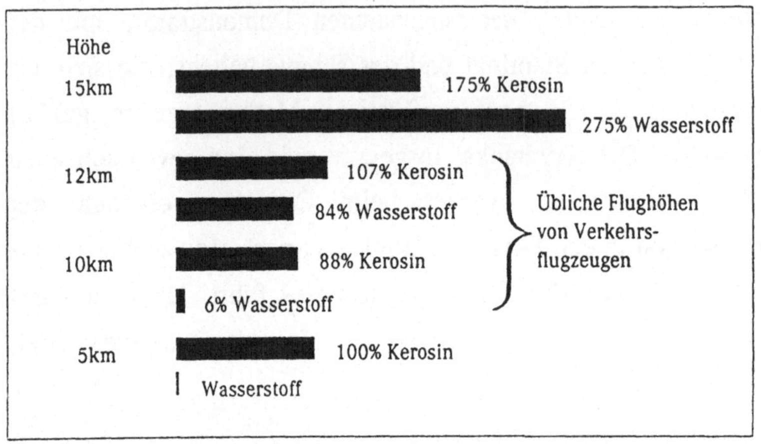


Abb. 32 Relative Treibhauswirkung der gasförmigen Verbrennungsprodukte von Kerosin und LH2 (Quelle: Deutsche Airbus)

Kritiker des $LH_2$-Antriebes für Flugzeuge führen gelegentlich an, daß das dabei als "Verbrennungsprodukt" anfallende gasförmige Wasser, ähnlich wie $CO_2$, als Treibhausgas wirkt. Diese Tatsache ist generell nicht zu bestreiten. Aber im Gegensatz zu $CO_2$, dessen Wirkung unabhängig von der Emissionshöhe ist, nimmt die Wirkung von Wasserdampf mit zunehmender Höhe stark zu. Beträgt die Verweildauer in Bodennähe nur ein paar Tage, so steigt sie in der niedrigen Stratosphäre auf ein halbes Jahr an. Unterhalb 10 km Flughöhe ist die Langzeitwirkung der gasförmigen Verbrennungsprodukte von $LH_2$ weitaus geringer ist als diejenige der Verbrennungsprodukte des Kerosins (Abb. 32). Auch langlebige Kondensstreifen in Form von Eiskristallen verstärkem im allgemeinen den Treibhauseffekt. Beim $LH_2$-Antrieb von Flugzeugen können sie zwar verstärkt auftreten, sie lassen sich aber, in Abhängigkeit von Jahreszeit, geografischer Breite und Wetterlage, durch eine Verringerung der Flughöhe unter 9 - 10 km vermeiden. Als Fazit bleibt: unterhalb einer Flughöhe von 9 bis 10 km ist $LH_2$ eindeutig umweltfreundlicher als Kerosin.

Die gegenwärtigen Zeitpläne sehen vor, daß etwa um das Jahr 2000 der erste Flug des Demonstrators erfolgen soll. Die Maschine wird über 243 Sitze (All-Tourist-Bestuhlung) verfügen und eine Reichweite von ca. 1700 km haben. Mit dem ersten Serieneinsatz eines umfassend modifizierten Airbus wird etwa ab 2010 gerechnet. Bei dieser Maschine wird u. a. die Rumpfsektion vor und hinter dem Flügel zur Aufnahme der $LH_2$-Tanks verlängert. Zugleich erfolgt eine Verstärkung der Rumpfmittelsektion und eine Verstärkung der Flügelstruktur wegen der zu erwartenden höheren Biegemomente. Die Maschine ist in der All-Tourist-Bestuhlung für 320 Passagiere ausgelegt und verfügt bei einer Kraftstoffmasse von 15.500 kg $LH_2$ über eine Reichweite von ca. 4300 km. Der Airbus A310 wurde deshalb als Ausgangsmodell für die Testmaschinen beider Entwicklungsetappen gewählt, weil man so zahlreiche zuverlässige und erprobte Teile bzw. Komponenten nutzen kann. Auf diese Weise lassen sich die Entwicklungskosten für den Demonstrator und die nachfolgende Serienmaschine deutlich reduzieren.

Neben den Arbeiten am fliegenden Gerät erfordert die künftige Nutzung von $LH_2$ als Treibstoff im Flugwesen auch Lösungen für eine entsprechende Infrastruktur bei der Bodentechnik. Legt man die auf einem deutschen Großflughafen derzeit benötigte tägliche Menge an Flugkraftstoff zugrunde, so ergibt sich beispielsweise für Frankfurt (Main) als Äquivalent ein Jahresbedarf von 980.000 t $LH_2$. Der kleinere Flughafen in Hamburg würde jährlich noch rund 70.000 t $LH_2$ benötigen. Um die genannten $LH_2$-Mengen bereitzustellen, sind nicht nur die entsprechenden Produktions- und Verflüssigungskapazitäten erforderlich, sondern auch spezielle Speicher-, Fortleitungs- und Betankungseinrichtungen, die zum Teil in ihren konkreten technischen Lösungen erst noch entwickelt werden müssen. Auch die Kraftwerke zur Bereitstellung der für die Elektrolyse erforderlichen beträchtlichen Mengen an Elektroenergie müssten in vielen Fällen erst noch errichtet werden. Die derzeitigen Konzepte sehen dabei auch vor, erneuerbare Energiequellen wie die Wasserkraft oder Solarenergie einzusetzen.

Allgemein wird davon ausgegangen, daß Passagier- und Frachtmaschinen mit Wasserstoff im Tank nicht vor 2020 oder 2030 in größerer Anzahl kommerziell genutzt werden. Eine solche Zeitprojektion resultiert insbesondere auch aus der Tatsache, daß man nach den gegenwärtigen Erfahrungen für einen neuen Flugzeugtyp eine Entwicklungszeit von rund zehn Jahren veranschlagen muß. Die Einsatzdauer einer solchen Maschine beträgt dann im Durchschnitt 20 Jahre. Demnach kämen die heute auf den Reißbrettern konzipierten Maschinen etwa zum Beginn des neuen Jahrhunderts in die Erprobung und würden bis in dessen erstes Drittel hinein genutzt. Aber bei diesen Maschinen ist die Verwendung von $LH_2$ noch nicht vorgesehen. Lediglich einige Versuchsmuster werden entsprechend umgerüstet. Die Ursachen dafür liegen zum einen in den noch zu lösenden technischen Probleme der $LH_2$-Umstellung am Boden und in der Luft. Andererseits ist schon heute abzusehen, daß der Wasserstoff auch zu diesem Zeitpunkt noch nicht in großen Mengen als billiger Flugkraftstoff zur Verfügung stehen wird.

### 4.4.3 Wasserstoff im Schienenverkehr und in der Schiffahrt

Neben dem Straßen- und Luftverkehr ist der energetische Einsatz von Wasserstoff auch bei Schienenfahrzeugen und in der Schiffahrt denkbar. Gegenwärtig gibt es dafür allerdings kaum konkrete technische Lösungen, sondern es existieren überwiegend konzeptionelle Vorstellungen dazu. Dementsprechend ist derzeit auch die Zahl der Versuchs- und Demonstrationsmodelle, mit denen die technische Realisierbarkeit dieser Wege getestet werden könnte, äußerst gering. Für den Schienenverkehr hält man u. a. eine Kopplung von Brennstoffzellen und Elektromotoren als Antriebssystem für vorteilhaft, ein Konzept, auf das schon bei den Straßenfahrzeugen eingegangen wurde (Abschn. 4.4.1). Mit einer solchen Lösungsvariante könnte an die bereits bestehenden umfangreichen Erfahrungen mit der Elektrotraktion angeknüpft werden. Der Wasserstoff würde in diesem Falle überwiegend als $LH_2$ in entsprechenden Tanks mitgeführt werden. Denkbar ist aber auch die Nutzung leistungsfähiger Hydridbatterien als Speicherelemente. Als weitere Antriebsvariante für den Schienenverkehr mit Wasserstoff als Energieträger sind sowohl Gasturbinen als auch Kolbenmotoren (Abschn. 4.4.1) im Gespräch. Mit diesen Möglichkeiten könnte im Langstreckenbereich für ausgedehnte, noch nicht elektrifizierte Strecken eine sinnvolle Alternative zur Dieseltraktion geschaffen werden. Aber auch im Kurzstreckenbereich könnten Lokomotiven mit Wasserstoffantrieb, beispielsweise für den Rangier- und Werkbahnbetrieb in jenen Komplexen der chemischen Industrie, in denen Wasserstoff oder wasserstoffreiche Gase als Nebenprodukt anfallen, zum Einsatz kommen.

Vorrangig auf der Grundlage von $LH_2$ ließe sich der Schiffsverkehr auf Wasserstoff umstellen. Erste Vorstellungen gehen dahin, den

Wasserstoff zunächst in jenen Tankern zu nutzen, die für den $LH_2$-Transport vorgesehen sind. Dabei sollen Gasturbinen mit großer Leistung oder entsprechende spezielle Verbrennungsmotore verwendet werden. Zu einem späteren Zeitpunkt könnten dann auch andere Schiffstypen auf Wasserstoff umgestellt werden. Gesichert werden muß aber zuvor die Infrastruktur für eine Betankungsmöglichkeit in den anzulaufenden Häfen. Gegebenenfalls könnte man auch auf einen bivalenten Antrieb ausweichen, also wahlweise auf herkömmliche Kohlenwasserstoffe und $LH_2$, oder die wasserstoffgetriebenen Schiffe nur auf bestimmten Routen verkehren lassen, in deren Häfen dann die erforderlichen Voraussetzungen geschaffen werden könnten. Untersucht wird aber auch die Möglichkeit einer Nutzung von Brennstoffzellen als Energielieferant für Schiffe mit Elektroantrieb. So befaßt sich die Howaldtwerke-Deutsche-Werft-AG in Kiel bereits seit einigen Jahren mit einem derartigen Konzept, das in konventionellen U-Booten Verwendung findet. Auf diese Weise sind längere Unterwasserfahrten möglich, ohne daß zwischendurch ein Aufladen der Speicherbatterien für die Elektroenergie im aufgetauchten Zustand oder in Schnorchelfahrt notwendig ist. Der erforderliche Wasserstoff für die mit entsprechenden Gleichstrommotoren gekoppelten Brennstoffzellen wird in Hydridspeichern an Bord mitgeführt, der Sauerstoff in Flüssigtanks.

Für die anderen Konzepte eines Schiffsantriebes mit Wasserstoff sind allerdings noch keine nutzbaren Versuchsfahrzeuge vorhanden. Das gilt auch für die mögliche Verwendung von Wasserstoff im Schienenverkehr. Unklar ist daher, ob die hier aufgezeigten konzeptionellen Vorstellungen überhaupt technisch umsetzbar sind. Und selbst wenn sich dies bestätigen sollte, gibt es noch keine konkreten

Vorstellungen darüber, zu welchem Zeitpunkt dies geschehen könnte.


# 5     Resümee und Ausblick

In den vorangegangenen Kapiteln wurden die wesentlichsten Technologien und Verfahren zur Erzeugung, Speicherung und zum Transport von Wasserstoff sowie die technischen Möglichkeiten zu seiner energetischen Nutzung in den unterschiedlichsten Bereichen der Wirtschaft vorgestellt. Dabei wurde erkennbar, daß mit Ausnahme der effektiven Herstellung bereits heute ausgezeichnete Voraussetzungen dafür vorhanden sind, daß das erste Element unseres Periodensystems künftig einen nicht unwesentlichen Beitrag zur Energieversorgung der Menschheit leisten könnte.

Die im Kap. 4 nur angedeutete Vielfalt der Möglichkeiten, Wasserstoff für die Bereitstellung von Heiz- und Prozeßwärme, Elektroenergie oder Antriebsenergie einzusetzen, beweist dies sicher eindeutig. Zum übergroßen Teil stehen dafür schon heute mehr oder minder ausgereifte Anwendungstechnologien mit insgesamt günstigen energetischen Wirkungsgraden zur Verfügung (Abb. 33), so daß eigentlich der schrittweise Übergang zur Wasserstoffenergetik bereits eingeleitet werden könnte, wenn es dazu nicht an der wichtigsten Voraussetzung mangeln würde: dem Wasserstoff selbst. Denn im Gegensatz zu den vielfältigsten Techniken seiner möglichen energetischen Nutzung steht man bei den Verfahren seiner effektiven und preisgünstigen Herstellung aus nichtfossilen und nichtnuklearen Quellen erst ganz am Anfang.

Derzeit gibt es noch keine einzige technische Möglichkeit, Wasserstoff auf diesem Wege in größeren Mengen, billig und damit im Vergleich zu herkömmlichen Energieträgern auch konkurrenzfähig herzustellen. Dieser deutliche Widerspruch zwischen dem erreichten technischen Stand auf dem Gebiet der energetischen Nutzung von Wasserstoff und den kaum vorhandenen Möglichkeiten seiner wirtschaftlichen Herstellung ist somit von ausschlaggebender Bedeutung für die Beantwortung der Frage, wann mit dem Beginn des Wasserstoffzeitalters in der Energiewirtschaft gerechnet werden kann.

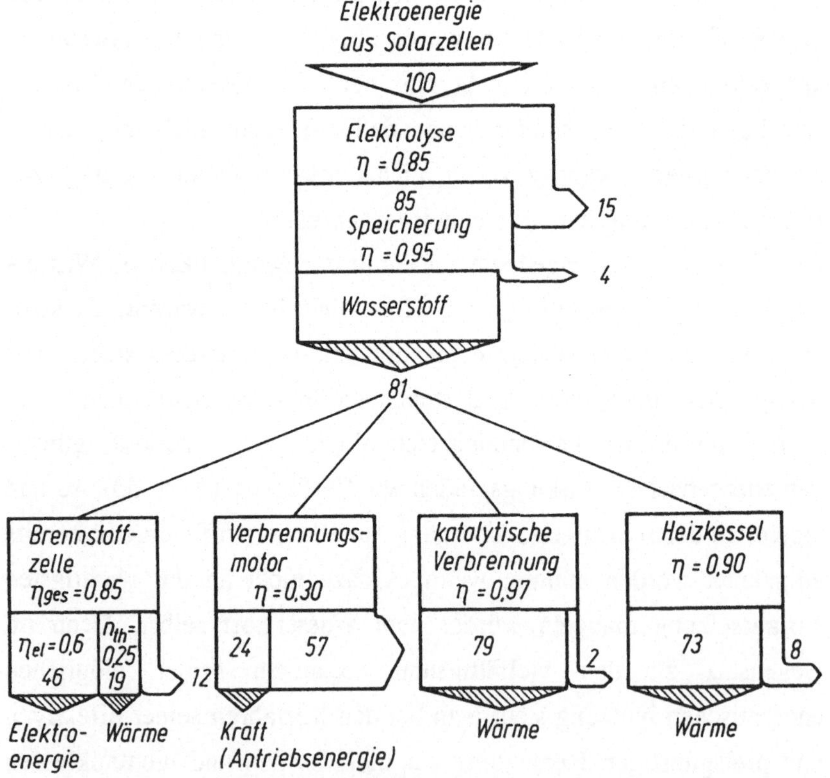


Abb. 33 Energieflußbild für verschiedene Wasserstofftechnologien auf der Basis der solaren Wasserstofferzeugung

Die Antwort auf diese Frage kann nur lauten, daß dies erst dann möglich sein wird, wenn der Wasserstoff problemlos in größeren Mengen und zu wirtschaftlich vertretbaren Bedingungen auf nichtfossiler und nichtnuklearer Grundlage hergestellt werden kann. Aus heutiger Sicht wird dies nicht vor dem Ende des ersten Drittels des nächsten Jahrhunderts der Fall sein. Und selbst dann darf man sich den Übergang zur Wasserstoffenergetik nicht etwa so vorstellen, daß an einem bestimmten Tage alle energetischen Prozesse mit einem Schlag von herkömmlichen Energieträgern auf Wasserstoff umgestellt werden. Es wird dies vielmehr ein stufenweiser Substitutionsvorgang mit einer relativ langen Einlaufkurve sein, an dessen Ende all jene Techniken der Energiebereitstellung auf Wasserstoff umgestellt sein werden, bei denen dies sinnvoll und wirtschaftlich vertretbar ist. Bedingt durch die zunehmende Nutzung gasförmiger Kohlenwasserstoffe mit teilweise beträchtlichen Wasserstoffanteilen, werden schon heute wesentliche Voraussetzungen dafür geschaffen. Noch weitgehend ungeklärt sind allerdings die Fragen der Wirtschaftlichkeit der jeweiligen Energiebereitstellungstechnologien auf der Basis von Wasserstoff. Sie hängen naturgemäß in sehr hohem Maße davon ab, mit welchem Kostenaufwand der Wasserstoff als künftiger Energieträger zur Verfügung gestellt werden kann. Bei den derzeit verwendeten Wasserstofferzeugungsverfahren auf der Grundlage fossiler Energieträger liegen die spezifischen Wasserstofferzeugungskosten, bezogen auf den gleichen Energieinhalt, deutlich über denen der herkömmlichen Energieträger. Und auch für die Zukunft ist hier keine große Veränderung zu erwarten. Aus diesem Grunde werden sie für eine künftige Wasserstoffbereitstellung kaum eine Bedeutung erlangen. Das hängt auch mit der Tatsache zusammen, daß diese fossilen Energieträger in den jeweiligen energetischen Prozessen in gleicher Weise wie Wasserstoff genutzt werden können. Wenn man also aus ihnen Wasserstoff für eben diese Zwecke erzeugen würde, käme dies - bedingt durch die dabei auftretenden Umwandlungsverluste -  einer Energieverschwendung gleich. Nicht viel anders sieht es bei den gegenwärtig zur Wasserspaltung eingesetzten Verfahren und hier besonders bei der alkalischen Elektrolyse aus. Aufgrund des hohen Elektroenergieverbrauchs dieses Verfahrens - er liegt bei etwa 4,5 kWh/m³ Wasserstoff und soll durch entsprechende Verfahrensverbesserungen möglichst deutlich unter diesen Wert gesenkt werden - liegen auch hier die spezifischen Wasserstofferzeugungskosten erheblich über denen der herkömmlichen fossilen Energieträger bzw. der Elektroenergie und der Heizwärme aus Kernkraftwerken, gemessen am Energieinhalt. In abgwandelter Form gilt dies auch für die in Entwicklung befindlichen modernen Elektrolyseverfahren, u. a. für die Hochtemperaturelektrolyse, aber auch für die solare Wasserstofferzeugung in besonders sonnenreichen Gebieten unseres Erdballs.

Nun werden allerdings derartige Vergleiche der Wirtschaftlichkeit in ganz erheblichem Maße davon beeinflußt, daß die derzeit genannten Kosten für die Elektroenergieerzeugung sowohl in herkömmlichen Kraftwerken als auch in Kernkraftwerken nicht alle eigentlich zurechenbaren Kostenbestandteile enthalten. Bei einem Vergleich auf dieser Basis schneidet die Nutzung erneuerbarer Energiequellen, und eine nichtfossile und nichtnukleare Herstellung von Wasserstoff kann sich nur dieser Energiequellen bedienen, logischerweise stets schlechter ab. Meint man es also ernst mit den angekündigten Vorhaben zu einer deutlichen Verringerung der $CO_2$-Abgabe an die Atmosphäre, muß auch ein Umdenken in dieser Hinsicht erfolgen. Ökonomische Gesichtspunkte, so wichtig sie sicherlich sind, dürfen dann nicht mehr das alleinige Entscheidungskriterium dafür sein, ob eine neue Technik eingeführt wird oder nicht.

Für die Zukunft ist davon auszugehen, daß die derzeit dominierende Wasserstofferzeugung auf der Grundlage fossiler Energieträger, nuklearer Quellen und der Wasserkraft weiter ausgebaut wird. Aber das Hauptverwendungsgebiet für den auf diesem Wege erzeugten Wasserstoff wird sicherlich weiterhin vorrangig in der chemischen Industrie zu suchen sein. Das schließt aber nicht aus, daß neben dieser stoffwirtschaftlichen Nutzung bestimmte, wenn auch vergleichsweise bescheidene Mengen an Wasserstoff für energetische Zwecke, vor allem in Versuchs- und Demonstrationsanlagen, eingesetzt werden. Parallel dazu gibt es, wie bereits mehrfach erwähnt, auch zahlreiche Forschungs- und Entwicklungsarbeiten, um Wasserstoff aus solaren Quellen zu gewinnen und entsprechend energetisch nutzen zu können. Als ein besonders interessantes Beispiel dafür sei hier das vom Fraunhofer-Institut für Solare Energiesysteme Freiburg konzipierte und errichtete erste energieautarke Einfamilienhaus in Deutschland genannt (Abb. 34).

Das Gebäude wurde am 30. Oktober 1992 in Freiburg (Breisgau) eingeweiht und bezieht seine gesamte für Raumwärme, Brauchwarmwasser und Strom benötigte Energie allein aus der Sonnenstrahlung. Neben verschiedenen modernen Techniken zur thermischen Nutzung der Solarenergie, auf die hier nicht weiter eingegangen werden soll, ist das Haus auch mit einem Membran-Druckelektrolyseur von 2 kW Leistung zur Wasserspaltung ausgerüstet. Die für diesen Prozeß erforderliche Elektroenergie wird von einem Solargenerator mit 4,2 kW Leistung geliefert, der zudem auch noch den gesamten herkömmlichen Strombedarf des Hauses absichert. Der über die Elektrolyse gewonnene Wasserstoff wird, ebenso wie der Sauerstoff, in Druckbehältern bei 3 MPa gespeichert. Während der Sauerstofftank (Fassungsvermögen 7,5 m³) unter der Erdoberfläche liegt, gehört der 15 m³ fassende Wasserstofftank vor dem Gebäude zum äußeren Erscheinungsbild des Energieautarken Hauses.

Abb. 34 Das Energieautarke Solarhaus in Freiburg (Breisgau)

Wenn auch die in dem Haus verwendeten solaren Techniken bereits einen ganz erheblichen Teil des erforderlichen Energiebedarfes abdecken, garantiert erst die Einbindung des Wasserstoffsystems in das gesamte Energieversorgungskonzept tatsächlich dessen Energieautarkie. Mit der Speicherung der beiden bei der Elektrolyse gewonnen Gase in Druckbehältern können etwa 1.500 kWh Energie aus den Sommermonaten, also der Zeit der intensiven Sonneneinstrahlung,  für den Winter aufgehoben werden. Mit Hilfe einer

Brennstoffzelle (Leistung 0,5 kW) kann aus beiden Gasen direkt elektrische Energie erzeugt werden (Abschn. 4.2). Die beim Umwandlungsprozeß in der Brennstoffzelle mit einem Temperaturniveau von etwa 70 °C ebenfalls anfallende Wärmeenergie wird zur Nachheizung des Brauchwarmwassers genutzt. Ein Herd, in dem der Wasserstoff katalytisch, also flammenlos, verbrannt wird (Abb. 21), dient zum Kochen und zur Bereitstellung eines geringen Restwärmebedarfs für die Raumheizung bei besonders ungünstigen Witterungsverhältnissen im Winter.

In mehreren Ländern werden ebenfalls Projekte zur Elektroenergieerzeugung mit Hilfe der Sonnen- und Windenergie sowie der Energie des Laufwassers und deren anschließendem Einsatz in Anlagen zur Wasserspaltung verfolgt. Der Wasserstoff übernimmt dabei stets eine Speicherfunktion und gleicht bis zu einem gewissen Grade den entscheidenden Nachteil der Nutzung der Energie aus Sonne, Meer und Wind aus: das von der Natur diktierte diskontinuierliche Energieangebot. Auch mit derartigen Anlagen wird dazu beigetragen, daß die technischen Voraussetzungen für einen schrittweisen Übergang zur energetischen Nutzung von Wasserstoff vervollkommnet werden.

# Literatur


Alternative Energien für den Straßenverkehr - Wasserstoffantrieb in der Erprobung. Köln: Verlag TÜV Rheinland 1989.

Bockris,J.; Justi, E.W.: Wasserstoff - Energie für alle Zeiten. München: Udo Pfriemer Buchverlag 1988.

Buchner, H.: Energiespeicherung in Metallhydriden. Berlin/Heidelberg/New York/Tokyo: Springer-Verlag 1982.

Cryoplane - Deutsch-Russisches Gemeinschaftsprojekt Firmenschrift der Deutsche Aerospace Airbus 1993.

Das Energieautarke Solarhaus. Freiburg: Fraunhofer-Institut für Solare Energiesysteme 1992.

Das Solar-Wasserstoff-Projekt. Solar-Wasserstoff-Bayern.

Hoffmann, V.: Energie aus Sonne, Wind und Meer. Leipzig: Teubner-Verlag 1990.

Hot Elly - Hochtemperatur-Elektrolyse von Wasserdampf. BINE Projekt Info-Service Dezember 1988.

Kleinwächter, J.: Über einen neuen Weg der Solar-Wasserstofftechnologie. Lörrach: Bomin Solar 1988.

Ledjeff,K. (Hrsg.): Neue Wasserstofftechnologien. Karlsruhe: Verlag C.F. Müller 1989.

Solarer Wasserstoff. Ad-hoc-Ausschuß beim Bundesminister für Forschung und Technologie, Bonn 1988.

Solarer Wasserstoff - Energieträger der Zukunft. Broschüre zur Ausstellung der Deutschen Forschungsanstalt für Luft- und Raumfahrt (DLR) und Landesgewerbeamtes Baden-Württemberg.

Technologie-Monitor, Solarenergie und Wasserstofftechnik I. Battelle-Kongreß, November 1988.

Technologie-Monitor, Solarenergie und Wasserstofftechnik II. Battelle-Kongreß, November 1989.

Technologie-Monitor, Solarenergie und Wasserstofftechnik III. Battelle-Kongreß, November 1990.

Umweltschonende Energie. Stuttgart: Daimler-Benz AG 1991.

Vielstich,W.: Einsatzmöglichkeiten und Stand der Technik von Brennstoffzellen. VGB Kraftwerkstechnik, 69. Jahrgang, Juni 1989.

Wasserstoff-Energietechnik I. VDI Berichte 602.

Wasserstoff-Energietechnik II. VDI Berichte 725.

Wasserstoff - Energieträger der Zukunft. Haus der Technik: Vortragsveröffentlichungen Heft 448. Essen: Vulkanverlag 1981.

Weber, R.: Der sauberste Brennstoff. Oberbözberg: Olynthus-Verlag 1988.

Weber, R.: Wasserstoff - wie aus Ideen Chancen werden. Frankfurt a.M.: IZE-Reportage 1989.

Winter, C.-J.; Nitsch, J.: Wasserstoff als Energieträger. Technik - Systeme - Wirtschaft. Berlin/Heidelberg/New York/Tokyo: Springer-Verlag 1986.

Wurster, R.: Status of the Euro-Quebec Hydro-Hydrogen Pilot Project (EQHHPP). Ottobrunn: Ludwig-Boelkow-Systemtechnik März 1993.

# Sachwortverzeichnis


Abdampfrate von Wasserstoff  128
Airbus  155
alkalische Brennstoffzelle  109ff.,148
- Elektrolyse  42ff., 51
Ammoniaksynthese  16ff., 78
Anode  41ff., 106ff.
Arbeitszylinder  141ff.

Baconzelle  106
Bergius-Verfahren  20
Biogas  70ff.
Biomasse  70
Biophotolyse  67, 69ff.
Brennstoffzelle  104ff., 146ff.
Brennstoffzellenanlage  114ff.,146ff.
Brennstoffzellenkraftwerk  113

Charliere  13
CitySTROMER  145
Claus-Verfahren  71ff.
Cryoplane  155ff.

Dampfelektrolyse  40, 55
Dampfspaltung  33
Degradation  111,119
Diaphragma  41, 55
Diffusionsbrenner  123
Direktreduktion  20
Druckelektrolyse  42
Druckgasflaschen  74, 148
Druckgasspeicherung  74ff.
Dunkelreaktion  68
Dünnschichttechnik  49

Elektroden  40ff., 106
Elektrolyse  40ff., 166
Elektrolyseanlagen  43
Elektrolyt  40ff., 66, 106ff.
Elektromobil  126, 145
Energieautarkes Solarhaus  122,165ff.
Euro-Quebec-Projekt  45ff.,79ff.,155

Fest-Elektrolyt-Brennstoffzelle  117ff.
Fetthärtung  20
Fix-Fokus-Spiegel  72
Flugkraftstoff  149ff.
Flugstaubvergasung  31, 35
Flüssigkeitstriebwerk  27
Fremdgasbestandteile  83ff., 86

Gasmotore  133
Gastemperaturänderung  142
Gasturbine  100,145, 160
Gasturbinen-Kraftwerk  100
Gemischbildung  129ff.
Gleichgewichtsspannung  42
Gleichstromreihenmotor  146
Globalstrahlung  54

Haber-Bosch-Verfahren  17
Heizwert, Wasserstoff  15
Hochleistungsbatterie  147
Hochtemperatur-Dampfelektrolyse  55
Hochtemperaturhydrid  81
Hot-Elly-Verfahren  55ff.
Hydridbildungsreaktion  80ff.,133
Hydridspeicher  80ff.,125,133ff.,160
Hydrocracken  19
Hydrogenium  12, 19
Hydropyrolyse  19
Hydrotreating  18
HYSOLAR-Projekt  50ff.,76,90ff.

In-vitro-Systeme  67

Karbochemie  19
Karbonatschmelzen-Brennstoffzelle  115ff.
Katalysator  109ff.
katalytische Verbrennung  33,101ff.
katalytischer Brenner  101, 122
Kathode  41ff., 106ff.

Knallgas 12
Knallgaszelle 105, 109
Kohleentgasung 30
Kohleveredlung, hydrierende 19
Kohleverflüssigung 19
Kohlevergasung 30
-,hydrierende 19
Kompressionszylinder 142ff.
Koppers-Totzek-Verfahren 32
Kryogenbehälter 88
kryogene Tanks 152ff.
- Treibstoffe 154

Lichtreaktion 68
Lurgi-Druckvergasung 31

Mehrzylinder-Stirlingmotor 144
Membran-Druckelektrolyseur 165
Metallhydride 74ff., 80ff.
Methylzyklohexan 79, 88, 91ff.
Mikroglaskugel-Verfahren 77
Mitteltemperaturhydrid 81
Moonlight-Programm 114,116

Normaldruckelektrolyse 42

OTEC-Verfahren 46, 78
Ottomotor 129

Passivierung 83ff.
photochemische Systeme 64ff.
photoelektrochemische Systeme 64ff.
Photoelektrolyse 66
Photosynthese 67ff.

Radiolyse 66
Raketentechnik 24ff.
Raumfahrt 24ff.
Raumtransporter 27

Saarberg-Otto-Prozeß 35
saure Brennstoffzelle 109, 111ff.
Schwefelwasserstoff 71ff.
Schwerölvergasung 32

SOFC-Zelle 117ff.
solarer Wasserstoff 47
Solarmodule 48
solarthermische Kraftwerke 51
Solar-Wasserstoffanlage 48
Solarzellen 54
Solarzellenkraftwerk 48ff., 54ff.
Sonnenofen 52ff., 58, 64
Space Shuttle Orbiter 27
SPE-Zelle 115
Stirlingmotor 128, 139ff., 144
supraleitende Speicher 44
Supraleitung 44ff.
Synthesegas 71, 95, 114ff.

thermochemische Kreisprozesse 59ff.
- Wasserspaltung 52
thermokatalytische Spaltung 71
Thermolyse 58ff.
Tieftemperaturhydrid 81, 133ff.
Toluol 73, 79ff., 88, 91

Überschallflugzeug 150ff.
Untergrundspeicher 75

Versuchsfahrzeuge mit Stirlingmotor 144

Wärmepumpe 84
Wasserstoffauto 124ff.
Wasserstoff-Benzin-Gemisch 132
Wasserstoffdiffusion 77, 80
Wasserstoff-Gasturbine 100, 160
Wasserstoff-Hausanschluß 127
Wasserstoffpipeline 45, 74, 89
Wasserstoffreinigung 83
Wasserstoff-Sauerstoff-Dampferzeuger 96ff.
Wasserstoff-Sauerstofftriebwerk 24
Wasserstoff-Tankstelle 50, 127
Wasserstoffverflüssigung 85ff.
Winklervergasung 31

Zeppelin-Luftfahrt 21ff.

# Einblicke in die Wissenschaft

Deweß/Ehrenberg/Hartwig/Jahn/Pickenhain/Voigt
**Heureka heute**
Kostproben praxiswirksamer Mathematik
150 Seiten. DM 16,80 / ÖS 131,– / SFr 16,50

Engewald
**Georgius Agricola**
2. Aufl. 164 Seiten.  DM 19,80 / ÖS 155,– / SFr 19,–

Gassmann
**Was ist los mit dem Treibhaus Erde**
XI,168 Seiten.  DM 19,80 / ÖS 155,– / SFr 19,–

Hoffmann
**Wasserstoff – Energie mit Zukunft**
171 Seiten.  DM 19,80 / ÖS 155,– / SFr 19,–

Jacobs/Meyer
**Geophysik – Signale aus der Erde**
167 Seiten.  DM 19,80 / ÖS 155,– / SFr 19,–

Kadeřávek
**Geometrie und Kunst in früherer Zeit**
104 Seiten.  DM 16,80 / ÖS 131,– / SFr 16,50

Walser
**Der Goldene Schnitt**
140 Seiten.  DM 16,80 / ÖS 131,– / SFr 16,50

Wußing
**Adam Ries**
2. Aufl. 124 Seiten.  DM 16,80 / ÖS 131,– / SFr 16,50

B. G. Teubner Verlagsgesellschaft
Stuttgart · Leipzig

Verlag der Fachvereine Zürich